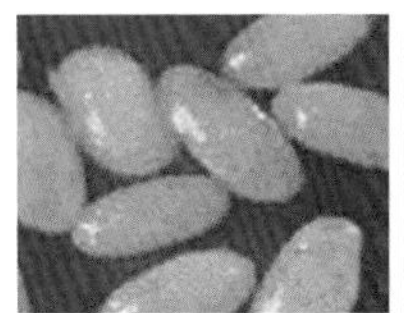

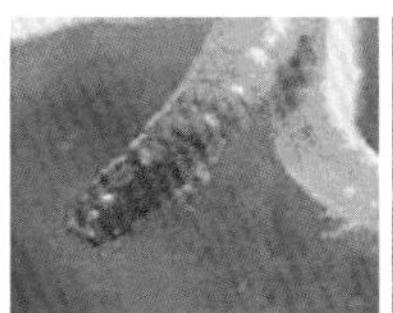

卵　　幼虫　　蛹　　成虫

彩图1　黄粉虫生长发育周期

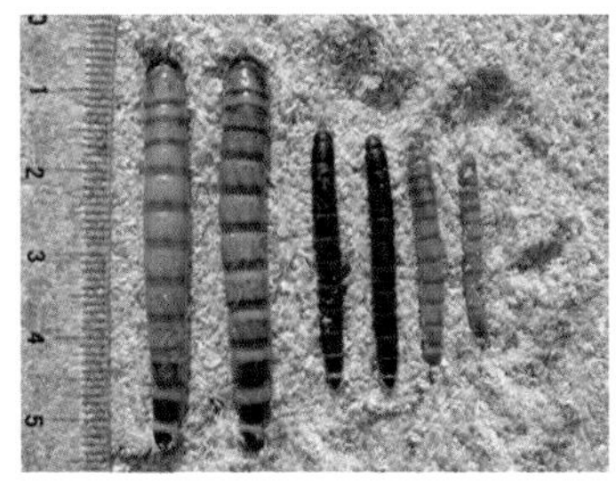

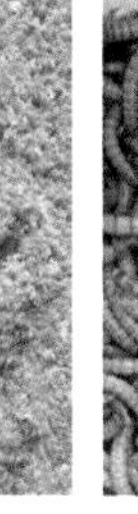

彩图2　大麦虫、黑粉虫与黄粉虫幼虫个体的对比

彩图3　黄粉虫、大麦虫与黑粉虫幼虫群体的对比

彩图4　黄粉虫干品

彩图5　黄粉虫立体养殖(养殖架和盘)

彩图6　软腐病死亡后的黄粉虫幼虫

彩图7　软腐病死亡后的黄粉虫蛹

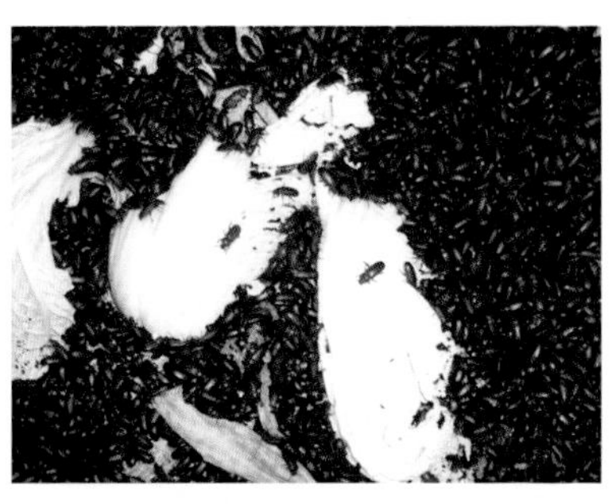

彩图8　黄粉虫成虫在吃食（白菜）

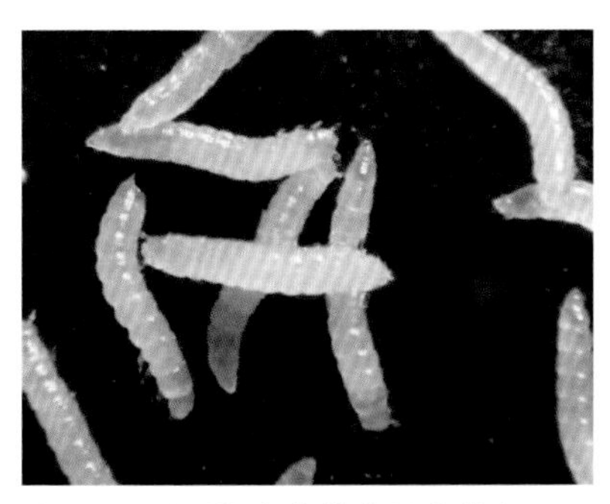

彩图9　刚孵化出来的黄粉虫幼虫（约1毫米）

彩图10　黄粉虫幼虫在吃食（麦麸和白菜）

彩图11　黄粉虫蛹和大麦虫蛹

彩图12　黄粉虫成虫和大麦虫成虫

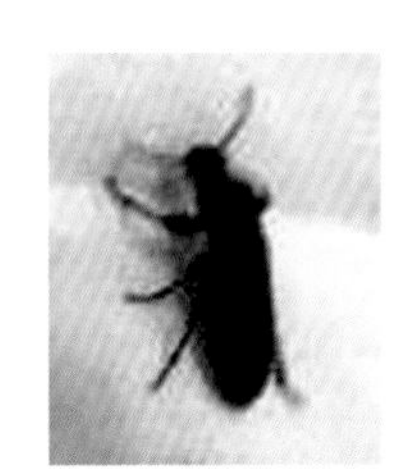

彩图13　黑粉虫成虫

HUANGFENCHONG

黄粉虫高效养殖技术一本通

黄正团　潘红平　主编

覃周岚　副主编

化学工业出版社

生物·医药出版分社

·北京·

黄粉虫是动物界最兴旺发达昆虫家族的其中一员，在自然界中分布很广。其可作为科学实验材料使用，也可作为动物性蛋白饲料饲养蝎子、蜘蛛等特种经济动物以及珍禽等，并且它也是人工养殖最理想的饲料昆虫，因此其应用日渐广泛。

本书从黄粉虫的利用价值及市场发展概况、生物学特性、场地设计、人工繁殖技术以及采收与加工利用等方面作了较详细的介绍，既适合庭院养殖，也适合于大规模的工厂化养殖。书中也相应增加了对提高黄粉虫养殖经济效益方面有用的技术和知识。本书还根据作者的实践经验，对“超级黄粉虫”——大麦虫的养殖前景、形态特征、生活习性与生态行为、养殖设备、饲养技术进行了较详细的总结。

本书适宜特种养殖企业及养殖专业户参考使用。

图书在版编目（CIP）数据

黄粉虫高效养殖技术一本通/黄正团，潘红平主编．北京：化学工业出版社，2008.3（2022.7 重印）
（农村书屋系列）
ISBN 978-7-122-02194-6

Ⅰ.黄… Ⅱ.①黄…②潘… Ⅲ.黄粉虫-养殖 Ⅳ.S899.9

中国版本图书馆 CIP 数据核字（2008）第 026517 号

责任编辑：邵桂林　　文字编辑：张春娥
责任校对：徐贞珍　　装帧设计：关　飞

出版发行：化学工业出版社　生物·医药出版分社
（北京市东城区青年湖南街 13 号　邮政编码 100011）
印　　刷：北京云浩印刷有限责任公司
装　　订：三河市振勇印装有限公司
850mm×1168mm　1/32　印张 6　彩插 1　字数 124 千字
2022 年 7 月北京第 1 版第 35 次印刷

购书咨询：010-64518888　　售后服务：010-64518899
网　　址：http://www.cip.com.cn
凡购买本书，如有缺损质量问题，本社销售中心负责调换。

定　　价：20.00 元

#《黄粉虫高效养殖技术一本通》
编 写 人 员

主　　编　黄正团　潘红平

副 主 编　覃周岚

编写人员　（按姓氏拼音排序）

陈会娟　黄正团　蒋顺萍　潘红平
覃周岚　苏以鹏　谭乃淙　王荣辉
温华成　张　雨

出版者的话

党的十七大报告明确指出："解决好农业、农村、农民问题，事关全面建设小康社会大局，必须始终作为全党工作的重中之重。"十七大的成功召开，为新农村发展绘就了宏伟蓝图，并提出了建设社会主义新农村的重大历史任务。

建设一个经济繁荣、社会稳定、文明富裕的社会主义新农村，要靠改革开放，要靠党的方针政策。同时，也取决于科学技术的进步和科技成果的广泛运用，并取决于劳动者全员素质的提高。多年的实践表明，要进一步发展农村经济建设，提高农业生产力水平，使农民脱贫致富奔小康，必须走依靠科技进步之路，从传统农业开发、生产和经营模式向现代高科技农业开发、生产和经营模式转化，逐步实现农业科技革命。

化学工业出版社长期以来致力于农业科技图书的出版工作。为积极响应和贯彻党的十七大的发展战略、进一步落实新农村建设的方针政策，化学工业出版社邀请我国农业战线上的众多知名专家、一线技术人员精心打造了大型服务"三农"系列图书——《农村书屋系列》。

《农村书屋系列》的特色之一——范围广，涉及100多个子项目。以介绍畜禽高效养殖技术、特种经济动物高效养殖技术、兽医技术、水产养殖技术、经济作物栽培、蔬菜栽培、农资生产与利用、农村能源利用、农村老百姓健康等符合农村经济及社会生活发展趋势的题材为主要内容。

《农村书屋系列》的特色之二——技术性强，读者基础宽。以突出强调实用性为特色，以传播农村致富技术为主要目标，直接面向农村、农业基层，以农业基层技术人员、农村专业种养殖户为主要读者对象。本着让农民买得起、看得会、用得上的原则，使广大读者能够从中受益，进而成为广大农业技术人员的好帮手。

《农村书屋系列》的特色之三——编著人员阵容强大。数百位编著人员不仅有来自农业院校的知名专家、教授，更多的是来自在农业基层实践、锻炼多年的一线技术人员，他们均具有丰富的知识和经验，从而保证了本系列图书的内容能够紧紧贴近农业、农村、农民的实际。

科学技术是第一生产力。我们推出《农村书屋系列》一方面是为了更好地服务农业和广大农业技术人员、为建设社会主义新农村尽一点绵薄之力，另一方面也希望它能够为广大一线农业技术人员提供一个广阔的便捷的传播农业科技知识的平台，为充实和发展《农村书屋系列》提供帮助和指点，使之以更丰富的内容回馈农业事业的发展。

谨向所有关心和热爱农业事业，为农业事业的发展殚精竭虑的人们致以崇高的敬意！衷心祝愿我国的农业事业的发展根深叶茂，欣欣向荣！

化学工业出版社

前　言

黄粉虫又名面包虫，原是仓库中和贮藏时常见的害虫，后经人工培养反为人类所利用。对此，国内外均有黄粉虫民间饲养的记录，其饲养历史长达大约100年。我国在20世纪50年代由北京动物园从前苏联引进开始饲养，以后逐渐传播至全国各地。

黄粉虫可经加工用于饲料、食品、保健品、化妆品等行业，为开发较多的资源昆虫之一。黄粉虫的蛋白质含量高居各类活体动物之首，可作为人类的全营养食品，在我国将成为继桑蚕、蜜蜂养殖后的第三大昆虫产业。同时其幼虫为多汁软体动物，可作为鲜活饲料用于饲养一些观赏性的鱼、鸟、蛙、蝎子、蛇、龟等价值较高的特种经济动物。黄粉虫已成为养殖观赏动物和经济动物的蛋白质饲料支柱，用黄粉虫代替鱼粉作配合饲料，效果甚好。其粪便还可作为良好的有机肥料、鱼以及畜禽的饲料使用。黄粉虫还可以经烘烤、煎炸等多种方式加工成为各种营养高、口感好、风味独特、被广大消费者所喜爱的优质食品。并且近年来，我国每年都有一定数量的黄粉虫干品出口。

现农业部已将昆虫饲料列为被推荐的10种节粮型饲料资源之一，黄粉虫已成为昆虫产业化开发的热点，全国各地均出现了饲养黄粉虫的热潮。黄粉虫以麦麸、农作物秸秆、糠粉及蔬菜、落果、瓜皮等为主要食物，且能充分利用豆腐渣等农业废弃物资源，其饲养不会污染环境；黄粉虫具有生长快、繁殖系数高、抗病力强以及生长周期短等特点。其饲养管理简便易行，农村与城市的闲散劳力、半劳力、老弱残病群体都可以饲养管理，而且投资较小，即使资金紧缺的群体也可利用其进行最低资金投入的创业。

但是，目前许多黄粉虫养殖户遇到了一些问题。其原因主要是黄粉虫市场不够规范，“炒种”严重，以及养殖技术不到位，而导致种源质量较差，其养殖基本没有什么效益，甚至出现“养得越多越亏损”的状况。很多“炒种”者不切实际地虚夸宣传，在进行效益分析时，又掩盖了一些不易直接观察到的负面影响因素，从而直接损害了广大黄粉虫养殖户的利益。

但我国具有养殖黄粉虫的丰富资源，在发展黄粉虫养殖和提高黄粉虫养殖效益方面有极大的潜力。为了在21世纪使我国的黄粉虫养殖业可以达到更快更稳地向前发展，我们必须在大力增加黄粉虫养殖数量的同时，着重注意提高黄粉虫养殖的经济效益。基于这个目的，我们在多年教学、科研和生产实践的基础上，参考了大量的文献和资料，按照“一本在手，黄粉虫养殖之路健步走”的思路，编撰了这本《黄粉虫高效养殖技术一本通》。

本书没有用大量篇幅介绍黄粉虫解剖学、黄粉虫生物学以及各种机制和理论等内容，而是力求使涉及的黄粉虫养殖技术实用高效、通俗易懂，并相对增加了提高黄粉虫养殖经济效益的技术和知识。希望广大读者通过阅读此书，能应用书中介绍的技术和方法来提高黄粉虫生产效率、降低劳动强度和生产成本，以获得更大的经济效益。

另外，本书还根据作者的实践经验，对“超级黄粉虫”——大麦虫的养殖前景、形态特征、生活习性与生态行为、养殖设备、饲养技术等方面进行了较详细的介绍。

由于本书涉及内容广泛，加上笔者水平有限，书中不足之处在所难免。我们热忱希望广大读者提出更好的见解和宝贵的建议，以便再版时充实完善。

潘红平　博士

2008 年春于广西大学

目　　录

第一章 认识黄粉虫

第一节 什么是黄粉虫

黄粉虫又名黄粉甲、面包虫，它的幼虫呈棕黄色，喜食面粉，所以叫黄粉虫，也有人认为是因为其在国外作为面包添加剂从而得名面包虫，是动物界最兴旺发达的昆虫家族成员之一，在昆虫分类学中属于鞘翅目，拟甲科，粉甲属。世界各地均有分布。黄粉虫在自然界中分布很广，在我国长江以北大部分地区均有分布，曾经在黄河流域发生量较大。黄粉虫原属于仓储害虫，在我国被列为重要的仓库害虫，多存在于粮食仓库、中药材仓库及各种农副产品仓库中，以仓库中的粮食、药材以及各种农副产品为美食；而随着粮食储藏害虫防治技术的进步及储藏设施的优化以及仓库防虫技术的普及和推广，在黄粉虫原发生地区的规范粮仓内已很少发生黄粉虫危害，但是仍然可以在少数的中小型轻工业用粮的临时仓库中发现少量的黄粉虫，比如饲料加工仓库、啤酒厂原料库等，而且通常会见到黑粉虫与它们共存。

黄粉虫原产南美，饲养历史悠久，在那里民间饲养已达百年之久。我国在 20 世纪 50 年代末由北京动物园从前苏联引进饲养。70 年代被科研部门用于杀虫剂的药效检测与毒性试验，昆虫学界亦将其用作科研、教学中昆虫生理学、生物化学等方面的试验材料，后流于民间，用于饲养珍禽，主要是观赏鸟类。80年代初用于饲养蝎子、蜈蚣、蛇等特种产品。近年来，随着黄粉虫的应用开发越来越广，带动黄粉虫的养殖业逐渐推广而发展到全国各地，已经成为仅次于养蚕和养蜂的第三大昆虫养殖业。

黄粉虫常与黑粉虫混合发生，因它们同属粉甲属，且体型大小基本相同，如同两兄弟，十分相似，应加以区别。其区别的主要特征见表1-1。

表1-1　黄粉虫与黑粉虫的区别

项　　目		黄　粉　虫	黑　粉　虫
成虫	体型	成虫体较圆滑	成虫体较扁平
	体色	赤褐色具脂肪样光泽	深黑色无光泽
幼虫	体色	身体各节、背中部及前后缘为黄褐色，腹部及节间淡黄白色	身体各节为黑褐色，节间与腹部为黄褐色

黄粉虫和黑粉虫的幼虫比较好区别，黄粉虫幼虫黄色较多，黑粉虫幼虫黑色面积较大，十分明显。黄粉虫与黑粉虫的生物学特性及食性都较相似，在自然界发生及分布区域却有所不同。黄粉虫分布在我国北部地区，在黄河以北地区的仓库中常可采到。黑粉虫适应性较广，全国各地均有发生。黑粉虫和黄粉虫一样也是仓库大害虫，同样为害粮食、油料、鱼、肉制品、药材及各种农副产品，在仓库墙角以及架底潮湿的地方均有发生。黑粉虫比黄粉虫生性活泼，负趋光性（即喜黑暗），爬行快而急，一般6～18个月繁殖1代。雌虫产卵量大，多的可达860个以上，但成活率较低，人工养殖效果不及黄粉虫。但黑粉虫的氨基酸及微量元素的含量较为全面，特别是胱氨酸的含量是黄粉虫的15.6倍，而胱氨酸是节肢动物蜕皮时不可缺少的营养物质，因此黑粉虫很

有利用价值。

现在市场上还有一种叫超级黄粉虫或超级面包虫的，其实那是大麦虫，是近年从东南亚国家引进的。大麦虫幼虫长35～55毫米，虫体宽5～6毫米，单条虫重1.3～1.5克。大麦虫喜干燥，生命力强，耐饥、耐渴，全年都可以生长繁殖，以卵—幼虫—蛹直至羽化为成虫的生育周期约为100天左右。大麦虫虫体大，生长周期及速度与黄粉虫相同，与黄粉虫和黑粉虫在饲料方面基本上没有太大的差别，食性杂，适应性广，以麸皮、混合配方饲料及蔬菜、瓜果的下脚料为主要饲料，这些饲料来源广泛、成本低廉，实践证明其适合我国各地区广泛饲养。大麦虫养殖与黄粉虫或黑粉虫养殖大致相同，只是在饲料、温度等主要环节要特别注意。饲养大麦虫也有不及黄粉虫的地方，如生长周期长、温湿度要求严格等。大麦虫生产养殖技术还不够十分成熟，在我国尚未形成规模产量。

第二节　黄粉虫的形态特征

黄粉虫属完全变态的昆虫，所谓完全变态是指黄粉虫的一生要经历卵、幼虫、蛹、成虫四个阶段，各个时期具有不同的形态特征。

1. 卵

黄粉虫的卵极小，呈乳白色，长椭圆形，长径约0.7～1.2毫米、短径约0.3～0.8毫米。卵外表为卵壳，卵壳薄而软，极易受损伤，内层是卵黄膜，里面充满乳白色的卵内物质。卵期8～10天。在27～32℃下成虫产卵最多，质量也高，低于18℃很少交配产卵，低于10℃不交配产卵。卵一般由成虫产成一直线，最终集片，少量散产于饲料中的卵外有黏液，易与饲料黏附，因此卵壳上往往黏附一些饲料碎屑形成一个饵料鞘。卵的孵化因温度、湿度条件不同而发生很大变化，在 10～35℃、相对湿度 30%～40%的条件下仍能正常孵化。

2. 幼虫

刚孵出的幼虫呈乳白色，长 0.5～0.6 毫米，用肉眼很难看清楚，长到 4～5 毫米时逐渐变为淡黄色。这时便开始停食 1～2 天。此后便像家蚕一样进行第一次蜕皮，蜕皮后的幼虫又变成乳白色，两天后颜色又变为淡黄色。以后每隔 4～5 天再进行第二次、第三次……蜕皮，每次蜕皮前都停食不动，像睡眠一样，所以蜕皮一次也叫做"一眠"，或称为一龄，每蜕一次皮增加一龄。幼虫一生中，需蜕皮 17～19 次。变成棕黄色的老熟幼虫长 20～30 毫米，头壳较硬，深褐色，体节明显，有 3 对胸足，在第 9 腹节有一双尾突。大虫体宽 3～3.5 毫米，重 0.13～0.24 克。当最后一次蜕皮时在饲料表层化蛹。幼虫期约 80 天，幼虫一般体长 29～35 毫米，外形极似金针虫和拟地甲，体细长，唇基明显，即上唇与额间有明显缝线。体壁较硬，体节明显，有光泽，虫体为黄褐色，节间和腹面为黄白色。具体幼虫蜕皮时首先是爬到饲料或群体表面，呈休眠状态，头部先裂开一条缝，然后整个身体蜕掉体皮，变成白色，数小时后变成黄褐色。幼虫喜群居，不停爬动、取食，食植物性食物。

3. 蛹

黄粉虫老熟幼虫化蛹前爬行到幼虫较少的场所以及食物表面，并停止取食，经过一段时间后蛹即从幼虫表皮中蜕出，初为白色或黄褐色，无毛，有光泽，体表柔软，很稚

嫩。之后体色变灰白色或淡黄色，体表稍变硬，此为典型的裸蛹，蛹长15～20毫米、宽约3～5毫米、重约0.15～0.25克/只。背中部有淡色纵条，嘴黑。腹部侧面有乳状突（雄性蛹乳状突不明显，基部愈合，端部伸向后方；雌性蛹明显，端部扁平，稍角质化，有分叉，显著外弯）。胸节大，侧面有雏形翅和附肢。头节也大，有一对黑眼点。蛹呈休眠状态，不食不动（蛹在受到刺激时仅能摇动腹部）完成其羽化过程。

4. 成虫

蛹在25℃以上约经过一星期即蜕皮为成虫。成虫阶段为黄粉虫的繁殖期，是黄粉虫生产的重要阶段。成虫虽然有一对漂亮的翅膀，但只能作短距离飞行，翅膀一方面保护身躯，另一方面还有助于爬行，但因其爬行速度快，饲养时要注意防逃。

黄粉虫喜暗惧光，夜间活动较多。成虫刚刚蜕皮出来呈乳白色，甲壳很薄，十几个小时后变为黄色、黄褐色、黑褐色，腹部为深褐色，无毛，表面有光泽，呈椭圆形，体表多密集黑

(a) 黄粉虫幼虫

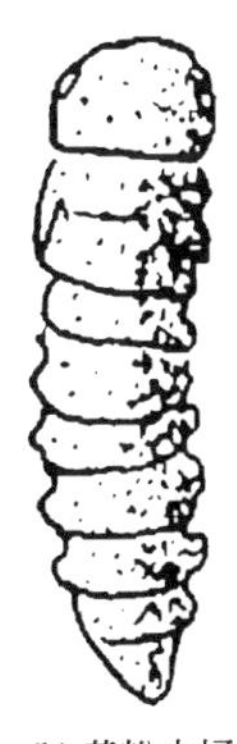

(b) 黄粉虫蛹

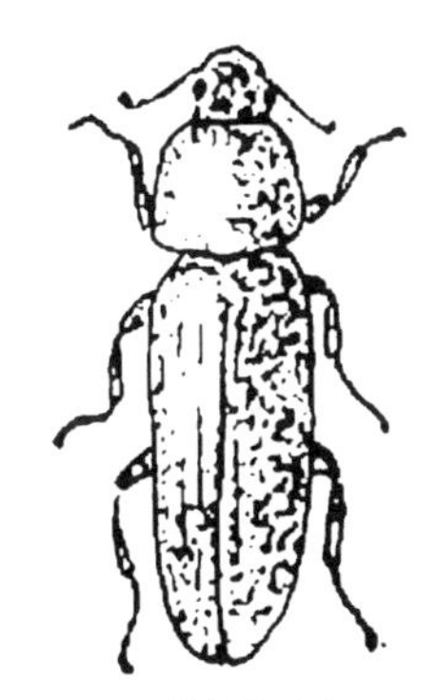

(c) 黄粉虫成虫

图1-1 黄粉虫各期的形态

斑点，长约14毫米、宽约6毫米，甲壳变得又厚又硬，这时完全成熟，称之为甲壳虫，俗称蛾子。由此进入性成熟期，开始交配。交配后，便产卵，雌虫一生可产卵200～600粒。若科学管理，可以延长产卵期和增加产卵量，如利用复合生物饲料，适当增加营养，且提供适宜的温湿度，产卵量可提高到800粒以上。

图1-1所示为黄粉虫各期的形态。

第三节　黄粉虫的生活史及其生长发育

一、黄粉虫的生活史

在自然条件下，北方黄粉虫一般1年1代，以老熟幼虫越冬，每年5月底至6月初化蛹，6月中旬羽化，7月中旬开始产卵，10月初老熟幼虫进入越冬期。南方黄粉虫大多数1年繁殖2代，部分发育快的个体可超过2代，而发育慢的达不到2代。造成这种差异的主要原因是幼虫阶段个体之间发育速度不一致，例如，四月中旬同日孵化的幼虫发育至化蛹，快的需82天，慢的128天；八月上旬同时孵化的第2代幼虫，发育快的幼虫期为74天，当年就发育至成虫，再产卵进入第3代，而发育慢的幼虫，后期遇到冬季低温而发育停顿，待到次年春末化蛹，幼虫期竟长达258天。其次，成虫陆续产卵历期较长，这也是造成下一代发育进度不整齐的原因之一，综上所述，由于个体变态时间极不一致，黄粉虫生长期往往同时出现卵、幼虫、蛹和成虫，即黄粉虫群体生活史存在世代重叠现象。从12月

下旬至次年3月上旬，因低温而基本处于停育状态，仅偶见极少数蛹羽化成成虫。

由于长年人工饲养，冬季加温，生活史同期缩短，可使黄粉虫1年发生2～4代，一般完成一个世代至少需90～100天。加温饲养后仍保持许多野生习性。图1-2所示为黄粉虫的生活史。

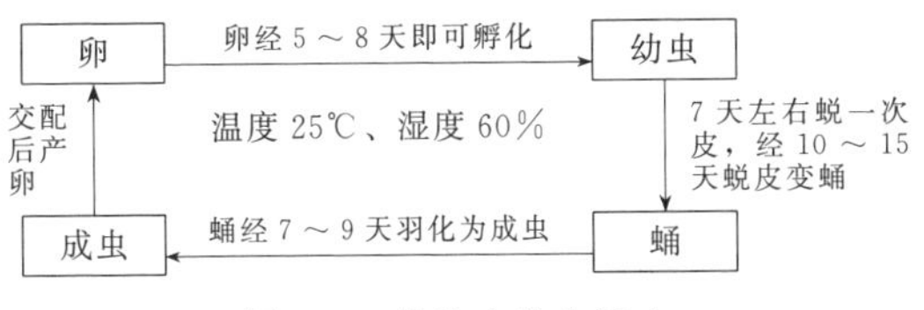

图1-2　黄粉虫的生活史

二、黄粉虫各虫态的发育

1. 卵

乳白色，长椭圆形，一般(0.7～1.2)毫米×(0.3～0.8)毫米，在同一温度下，卵的发育进度较一致，一般期差仅1～2天。卵的孵化时间随着温度高低有很大差异，温度在10℃以下时，卵很少孵化；在15～20℃时，需要20～25天孵出，当温度在20～25℃时，卵期是12～20天，当温度在25～30℃时，卵期是5～8天。

2. 幼虫

幼虫生长期一般为80～130天，平均生长期为120天，最长可达480天。幼虫在相同饲养条件下不同个体的蜕皮次数不一，且与环境温度及营养条件有关。在20～25℃时，蜕皮12～15次，25～30℃时，蜕皮9～14次，30～34℃时，蜕皮15～20次。在不同温度下，每个饲养群体都有10%～15%的个体发育特别慢，发育最快和最慢的幼虫期距近一倍。在幼虫长到3～8龄时停止喂料，幼虫耐饥可达6个月以上。

黄粉虫幼虫的生长情况因龄期的不同而有明显的差异，在低龄时生长速度较快，高龄及老熟幼虫生长较慢，幼虫平均每天每头虫的增重随着年龄增长而增大，当幼虫生长到一定阶段（即60～65日龄）后，其幼虫平均每天的增重则呈下降趋势。了解黄粉虫的生长速度对其幼虫的出售时间的确定有一定的指导意义，一般来说生长发育快的阶段不要出售幼虫，在其生长发育慢时才出售。

3. 蛹

在同一温度下蛹的发育进度较整齐，期差一般不超过1天，个别差2天。蛹期一般为3～10天。蛹的羽化适宜相对湿度为50%～70%，温度为25～30℃。湿度过大时，蛹背裂线不易开口，成虫会死在蛹壳内；而空气太干燥，也会造成成虫蜕壳困难、畸形或死亡。蛹的越冬低温线为20℃。

4. 成虫

成虫的寿命一般为60～90天，平均寿命为50天以上。

第四节　黄粉虫的生活特性

一、黄粉虫的习性

1. 运动习性

成虫后翅退化，不能飞行，但爬行很快，善抓善钻，易聚堆。幼虫亦善爬行，倒行也很灵活，见缝就钻，抓住就上，不采取适当措施，则极难使虫就范于盒中。因此，为防止其逃逸，饲养盒、繁殖筛以及各种分离筛内壁均须贴上不干胶带，内壁应尽可能光滑，以防逃逸。由于虫体不断运动，相互之间

摩擦生热，运动量达到一定程度，可使局部（盒内）温度升高2～5℃。因此，适时减小虫口密度，降低热量，以防止虫因高温致死。相反，在冬季及幼龄虫阶段，密度适当，使群体生存的虫由于运动、相互摩擦而增加活性，具有促进虫体血液循环及加强虫体消化系统的功能，利于虫的健康发育、生长和繁殖。了解掌握黄粉虫的运动习性，有助于科学养殖，可适当克服自然环境中的不利因素，降低其死亡率，提高其生产量。

2. 群集性

黄粉虫幼虫和成虫均喜欢聚集在一起生活（喜群居），但饲养的密度要适中，不宜过大。如上所述，当饲养密度过大时，一来提高了群体内温度而造成高温热死幼虫，二来相应的活动场所减少，易造成食物不足，导致成虫和幼虫产生食卵和食蛹。但饲养密度也不宜过小，这样会造成场所的浪费，降低生产率。所以人工饲养时应注意分箱，控制饲养密度。

黄粉虫不论幼虫及成虫均在集群生活下生长发育与繁殖得更好。这就为高密度工厂养殖奠定了基础。但应注意，在人工饲养条件下，由于蛹只能扭动腹部，不能前行，而群集生活的黄粉虫生育期限及个体发育不尽相同，就会出现啃食蛹的现象，只要蛹的体壁被咬一个极小的伤口，蛹便会死亡或羽化出畸形成虫。群居生存，由于相互摩擦，比散养有利于生长。黄粉虫最佳饲养密度为每平方米6000～7000头老龄幼虫或成虫。

3. 自相残杀习性

黄粉虫在群体生活中有互相残伤现象。自相残杀性是指成虫吃卵、咬食幼虫和蛹，高龄幼虫咬食低龄幼虫或蛹，强壮成虫或幼虫咬食病弱成虫或幼虫的现象。自残影响产虫量，此现象发生于饲养密度过高时，特别是成虫和幼虫不同龄期混养则发生更为严重。各虫态均有被同类咬伤或食掉的危险。成虫羽化初期，刚从蛹壳中出来时体壁白嫩、行动迟缓、易受伤害；从老熟幼虫新化的蛹体软不能活动，也易受损伤，正在蜕皮的幼虫以及处于卵期等的黄粉虫易被同类取食。所以，防止黄粉虫自相残伤、取食是人工养殖黄粉虫的一个重要问题。另外，饲料跟不上，缺水（喂菜不及时），也会造成相互残食。即使饲料充足，黄粉虫自相残杀率还是较高，特别是成虫自相残杀率更高，成活率至多为 80%。因此，要根据虫体的特性，进行分离和分群管理。

4. 冬眠习性

黄粉虫在生长发育过程中，如处于非致死的低温不利环境条件下，会直接引起活动的停止、代谢的降低，虫体处于暂时的静止状态。黄粉虫的冬眠特征为：不吃不动，新陈代谢微弱，也即黄粉虫的外部行为、活动完全停止，此时只有内部必要的代谢活动维持在最低水平。黄粉虫的冬眠与温度有极大的关系，温度在 6℃以下时，即进入冬眠状态，可以抵御－10℃的低温，在 15℃以上恢复正常的生长繁殖状态。

5. 假死性和杂食性

假死性是幼虫及成虫遇强刺激或天敌时即装死不动，这是逃避敌害的一种适应性。黄粉虫原以粮食为食，人工饲养下以粮食加工后的糠麸类、叶菜、根茎、瓜果等为食，也自食死蛹、死成虫及其他动物尸体，是杂食性昆虫。

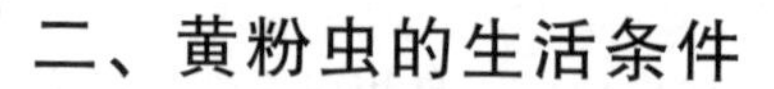

二、黄粉虫的生活条件

1. 温湿度是养殖黄粉虫最基本的条件

黄粉虫是变温动物，其生长活动、生命周期与外界温度、

湿度密切相关。

（1）温度　黄粉虫对温度的适应范围很宽，在20～34℃时黄粉虫各虫态发育良好。在北方，自然条件下黄粉虫多以幼虫和成虫越冬，在仓库中可抵御－10℃以下的温度，但成活率很低；在34℃时，幼虫不能正常发育，成虫不能产卵，在35℃以上的环境中便开始出现死亡。秋季温度在15℃以下开始冬眠，此时也有取食现象，但基本不生长、不变态。冬季黄粉虫进入越冬虫态后，可随人为升高温度而恢复取食活动并继续生长变态。如在冬季将饲养室温度提高到20℃，幼虫可恢复正常取食，且能化蛹、羽化，但若要其交配产卵，则需将温度提高到25℃。所以，黄粉虫的适宜生长温度为20～34℃，25～34℃为最佳生长发育和繁殖温度，致死高温为35℃。当温度达到34℃时，卵、蛹、成虫能够正常发育，但幼虫不能正常发育至化蛹。超过35℃时虫子开始出现死亡。

有时室温仅32℃，虫子便开始成批死亡，这是因为黄粉虫（幼虫）密度大时，虫体不断运动，虫与虫之间相互摩擦生热，可使局部温度升高2～5℃。此时必须尽快减小虫口密度，减少虫间摩擦，提高散热量。黄粉虫的易死低温在－4℃以下。在陕西关中地区，冬季－10℃的气温持续20余天，大部分黄粉虫并未被冻死，这说明黄粉虫的耐寒性很强。自然界的温度变化一般比较温和缓慢，虫子较易适应，但如人为地使温度骤热骤冷，日温差上下变化在20℃以上，就会破坏黄粉虫正常的新陈代谢，而逐渐引起患病，增加死亡率。曾有过许多教训，例如在冬季，白天室内有暖气加温，夜间停止供暖，天天如此反复，养虫室内的温度最高28℃，而最低则达－8℃，虫子抵抗力逐渐下降，如昼夜温差常在20℃以上，不到1个月虫子即会全部死亡。这一点与其他动物一样，即冷热变化无常易得病死亡。

简而言之，黄粉虫生长发育最适宜的温度为26～32℃，而生长发育最快是在32℃，当温度高于32℃时，生长发育速度下降，35℃以上时黄粉虫则会受热致死，但是，黄粉虫较耐寒，老龄幼虫可耐受－4℃，而低龄幼虫在0℃时即大量冻死，8℃时则开始生长发育。

上述所指的温度是指群体内部的温度，经观测，在室温14℃时，3厘米厚幼虫的群体温度为20℃，而1厘米厚幼虫的群体温度仅18℃。一般来说群体内部的温度往往高于室内温度2～5℃。如果室内温度达33℃时，就要采取降温措施，同时减少群体的密度，以免温度过高而致死。

（2）湿度　黄粉虫对湿度的适应范围较宽，在相对湿度为40％～90％时黄粉虫各态生长发育良好。最适相对湿度成虫、卵为55％～85％。幼虫、蛹为65％～85％，空气干燥，影响生长和蜕皮。黄粉虫蜕皮时从背部裂开一道口子，这条线为蜕裂线，许多幼虫或蛹的蜕裂线因干燥打不开而无法蜕皮，使其不能正常生长，进而逐渐衰老死亡，有的则因不能完全从老皮中蜕出而呈残疾。湿度过高时，比如湿度达到100％时，卵能孵化，但是幼虫只能发育到5～6龄，且绝大多数在2～3龄时死亡；同时饲料与虫粪混在一起易发生霉变，使虫子得病；湿度过低时，卵的孵化率明显下降，蛹羽化出的成虫畸形率较高，这种畸形成虫的翅不能展开，不能交配，且早死。所以保持一定的湿度，随时补充适量含水饲料（如菜叶、果皮等）是十分必要的。在相同湿度环境下保持温度稳定，对黄粉虫成长、交配、产卵及延长其寿命都是十分重要的。

黄粉虫有耐干旱的习性，但正常的生理活动没有水分是不能进行的；黄粉虫从外界获得水分的方式有三种：一是从食物中取得，因此必须经常投以瓜皮、果皮、蔬菜叶之类饲喂之。二是从具一定湿度的空气中通过表皮吸收水分。若在南方炎热季节要在饲养盒中喷少许水滴，以造成湿润小气候。三是黄粉虫从自身体内物质转化中亦可获得水分，因有机物质的最终氧化都能产生水和二氧化碳。黄粉虫主要从食物中获得水分，就是说取食含水量多的食物，虫体含水量就高；取食含水量少的食物，虫体含水量就低。所以说黄粉虫体内的水分主要来源于含水量大的青饲料和多汁饲料。

湿度对黄粉虫发育速度的影响远不如温度明显，主要是因为其本身有一定的调节能力，所以湿度过高或过低而且持续一段时间，其影响才比较明显。黄粉虫对干燥有一定的抵抗力，能在含水量低于10%的饲料中生存，但湿度太低时体内水分过分蒸发，因而生长发育慢，体重减轻，饲料利用率低，所以最适宜的饲料含水量为15%、室内空气湿度为70%，但当饲料含水量达18%以上以及室内空气湿度为85%以上时，黄粉虫不但生长发育减慢，而且容易生病，尤其是成虫会因潮湿而生病死亡。

(3) 温度和湿度之间的综合作用　温度、湿度控制在一定的范围，黄粉虫的各虫态才能生活良好，否则死亡率较高，一定的温度、湿度是高产、稳产的基础条件。各态的最适温度和相对湿度见表1-2。

从表1-2看到温度在25～30℃之间、湿度在65%～85%时为黄粉虫最适宜生长温湿度条件。从中也可以看到，虽然在某些情况下，温度和湿度对黄粉虫的影响有主次之分，但其实两者之间是互相影响和综合作用的。对黄粉虫在不同的发

表 1-2　黄粉虫在最适温度、相对湿度条件下的生长情况

虫　态	最适温度/℃	最适相对湿度/%	孵化、羽化天数	生长期/天
成虫	24～34	55～85		60～90
卵	24～34	55～85	6～9(孵化)	
幼虫	25～30	65～85	7～10(蜕皮)	80～130
蛹	25～30	65～85	5～12(羽化)	

育阶段，适宜的温度范围会因湿度的变化而转移，同样，适宜的湿度范围会因温度的变化而转移，所以在实际养殖过程中要注意使二者之间保持均衡的联系。

2. 光照对黄粉虫的影响

由于黄粉虫原为仓储害虫，长期隐藏于阴暗角落之中，适应了黑暗环境，且夜间活动较多，故惧光。这种长期适应的结果造成黄粉虫幼虫复眼完全退化，仅有单眼 6 对，因而惧光，它们主要是以触角及感觉器官来导向，又称负趋光性。黄粉虫的幼虫及成虫均避强光，在弱光及黑暗中活动性强，但是，并不是越暗对黄粉虫越好，实践证明：成虫在室内自然光照下产卵最多，寿命最长；在连续黑暗下次之；而在连续光照下，活动性增强，产卵量锐减，寿命也缩短，所以适度的光照对黄粉虫的生长发育及其繁殖有促进作用。黄粉虫怕光喜暗，在实际养殖中表现为成虫喜欢潜伏在阴暗角落或树叶、杂草或其他杂物下面躲避阳光；幼虫则多潜伏在粮食、面粉、糠麸的表层下 1～3 厘米处生活。所以人工饲养黄粉虫应选择光线较暗的场所，或者饲养箱应有遮蔽，防止阳光直接照射影响黄粉虫的生活。即养殖场所应保持黑

暗，白天光线稍暗，对幼虫尤其是成虫的生长、繁殖都有好处。也因此养殖黄粉虫采用分盒、高架、多层立体式饲养，既避光，又能充分利用空间，为给黄粉虫创造一个适宜的生活环境，必要时也可增设窗帘，或窗户雨搭，以遮蔽光线。利用黄粉虫的负趋光性也可筛选蛹及不同大小的幼虫，具体方法在黄粉虫饲养管理章节中介绍。

3. 磁场

磁场对黄粉虫的生长发育有一定的影响，一定的磁场强度有助于幼虫增重及产卵量的增加。观察黄粉虫对磁场的反应能力，证实了它不需要光即可感觉到磁场的方向，但是较高强度的永久磁场对黄粉虫的繁殖能力和成虫出现率具下降作用，平均降低成虫出现率14％。

第五节　养殖黄粉虫的意义

养殖黄粉虫的意义可从以下几方面介绍。

1. 从黄粉虫能作为动物性蛋白饲料看黄粉虫资源开发的意义

对畜牧业来说，动物性饲料蛋白是制约畜牧业发展的关键因素。我国畜牧业目前也处于一个适应社会需求、迅速发展的时期，对动物性蛋白饲料的需求量愈来愈大。传统的饲料蛋白来源主要是动物性肉骨粉、鱼粉和微生物单细胞蛋白。对于来自于昆虫的蛋白质尚未得到广泛应用。肉骨粉在牲畜之间极易传带病原。如国际上影响巨大的“疯牛病”、“口蹄疫”即与肉骨粉污染有关。而国际上优质鱼粉的产量每年正以9.6％的幅度下降，单细胞蛋白提取成本又过高。而畜牧业持续、稳定、高效的发展又急需寻求新型、安全、成本低廉、易于生产的动物性饲料蛋白。因而，目前许多国家已将人工饲养昆虫作为解决蛋白质饲料来源的主攻方向。黄粉虫的开发即是突出代表之一，一方面可以直接为人类提供蛋白质，另一方面可作为蛋白质饲料出现。

我国近年来亦开展了这方面的研究，并获得了较大成果，尤其是对黄粉虫、蝇蛆等类昆虫，其蛋白质含量高、氨基酸富含全面，是可再生性极强的资源，而且生产投入少、成本低、见效快，开发前景十分可观。黄粉虫的营养价值接近或达到优质鱼粉水平，而成本却只有鱼粉的1/3左右。开发黄粉虫饲料以代替鱼粉，前景广阔。

2. 从黄粉虫转化利用秸秆等粗饲料资源的角度看黄粉虫资源开发的意义

黄粉虫是转化秸秆等粗饲料以及工农业有机废弃物的“种子选手”。黄粉虫食性杂，转化率高，能够将以农作物秸秆为主的工农业废弃物（腐屑）充分转化为人类可利用的物质，解决了大量秸秆等腐屑资源浪费与污染环境的问题，建立起新的不同于传统生态食物链的“腐屑生态系统”，开辟了人类获取蛋白质的一个全新途径。我国是农业大国，每年生产各种农作物秸秆、秧蔓5亿～6亿吨，用作大牲畜饲养消耗不足20%，用作烧柴的不足10%，其余均被当场焚烧或长期堆积自然腐烂，既造成资源浪费，又阻碍交通、阻挡河道、污染环境。利用和转化这些有机废弃物，并使之产生一定的经济效益，开辟利用和转化以农作物秸秆为主的农业有机废弃物资源的新途径，是各级政府工作重点之一，也是广大农民的热切盼望。黄粉虫饲料不消耗粮食，并可将大畜禽不能转化的粗饲料转化为优质蛋白饲料。人们以饲养黄粉虫这种小昆虫为基础，进而可以饲养各种畜禽和

多种经济动物。

通过黄粉虫这个中间环节，解决了长期不能解决的“人畜分粮”的问题。将传统的单项单环式农业生产模式转化为多项多环式农业生产模式。使农业生产自身形成产业链条，为农业产业化开辟了一条新路子。

3. 对黄粉虫深加工产品资源开发的意义

黄粉虫深加工产品应用领域广阔。以黄粉虫鲜虫体或脱脂蛋白为原料开发的食品、饮料、调味品不断涌现，如黄粉虫复合氨基酸营养液、蛋白氨基酸营养保健补充剂、高蛋白氨基酸营养素调味调料剂、高蛋白氨基酸营养素食品补充剂等。一些大型企业看好虫蛋白食品，积极参与开发，成功地将黄粉虫菜肴推上了大众餐桌。黄粉虫油是优质的食用油、保健品添加用油、化妆品添加剂和变压器用油；黄粉虫虫蜕是生产甲壳素的优质原料，其钙质含量远远低于虾壳、蟹壳，加工难度大大降低，而甲壳素在功能食品、医药用品、保健品和环保材料、纺织、降解膜生产等领域有着广阔的应用前景；黄粉虫粪又是良好的有机肥料，可提供高效优质生物有机肥料，改善土壤结构，促进种植业的发展。因此，施用以虫粪为主要原料的高效生物有机肥不仅能增肥地力，增加农作物产量，提高农产品品质，还能降低农业生产成本，改善土壤结构，改善农业生态环境，促进种植业的可持续发展；亦可作为粗饲料喂养畜禽。

4. 发展黄粉虫养殖对农村经济和城市就业等的意义

发展黄粉虫养殖，对于优化农村产业结构、农民增收、农村经济增长、农村剩余劳动力转化、城市下岗工人就业等有很大意义。因黄粉虫饲养工艺相对比较简单，黄粉虫没有人兽共患传染病，不会产生难闻的气味污染，通常采用立体养殖而占地面积小，劳动强度不大，在一般民房就能顺利安全地开展养殖。黄粉虫养殖项目大面积推广，可形成新兴产业，增加就业门路。

第二章　黄粉虫的营养和饲料

第一节　黄粉虫的营养

营养物质又称营养素，它可以提供人体生长发育、维护健康和供应生活及劳动所需要的物质和能量。黄粉虫正常的生命活动也是靠营养物质维持的，营养素的来源通常是以摄取食物的方式获得，这些食物只有被黄粉虫食用并在体内消化和吸收之后，其中的营养素才能被利用。

目前已知的40多种营养素大体可归纳为六类，即蛋白质、脂肪、碳水化合物、维生素、无机盐和水。营养素的功能主要有以下3点：①主生热能，提供给黄粉虫热量，如碳水化合物、蛋白质、脂肪等；②帮助黄粉虫生长发育，并可构造身体各部分，如水、无机盐、脂肪、蛋白质、碳水化合物、维生素等；③可以调节黄粉虫必需的生理机制，如水、维生素、无机盐、脂肪、蛋白质等。

目前，我国尚未对黄粉虫的营养和饲料问题进行全面系统的研究，对于这些营养素是怎样影响黄粉虫，以及黄粉虫需要的营养素是多少等还没有研究得像畜禽那么清楚，就是说我们还不知道黄粉虫每天需要多少蛋白质、脂肪、碳水化合物、维生素、无机盐和水，以及我们所给的饲料是否能使黄粉虫健康、快速长大或繁殖更多的后代。但是，我们知道各种食物的营养价值不同，任何一种天然物质均不能单独提供黄粉虫所需的全部营养素，而且不同的虫期、不同的虫龄、不同季节以及不同养殖目的，虫体所需要的营养素也有所不同，因此，适宜的食物必须由多种物质构成，才能达到营养平衡的目的。经多年试验证明，养殖黄粉虫与其他养殖业一样需要复合饲料，即在麦麸和玉米的基础上适量加入高蛋白质饲料，如豆粉、鱼粉及少量的复合维生素是十分必要的。

因此，在黄粉虫的养殖中，不论是幼虫还是成虫，一定要给予多种以上的复合型饲料，不可单喂一种饲料，实践证明：复合型饲料饲养效果很好，能大大促进黄粉虫幼虫的生长发育，经 30 天饲养，复合型饲料饲养的幼虫增重为纯麦麸饲养的 2 倍。若长期饲喂一种饲料，不论这种饲料营养有多高，也会导致黄粉虫发生厌食或少食、营养不良、恹懒少动、多病和死亡率增高等现象；成虫产卵量明显减少或提前结束产卵期；幼虫生长缓慢、体色变暗、个体变小或大小不均衡，影响产品质量。有的养殖户因长期单喂青菜，将黄粉虫变成了“菜青虫”，结果发生了大面积死亡现象。因此食物要多样性。在喂养中，使用混合饲料生长较快，喂单一饲料时生长较慢，还会导致品种退化。

第二节　黄粉虫的饲料

黄粉虫属杂食性昆虫，通俗地说就是黄粉虫吃的东西很杂，五谷杂粮及糠麸、果皮、油料和粮油加工的副产品以及各种蔬菜等均可为食。幼虫的食性更为广泛，除食用以上食物外还吃鲜榆叶、桑叶、桐叶、豆科植物的叶片，以及各种昆虫的尸体；当食物缺乏时，有时还咬食木箱、纸片，甚至还会相互残杀，幼虫和成虫以大咬小，幼虫有时也把蛹咬伤。

所以黄粉虫的饲料来源广泛、经济，主要为麦麸，兼吃各种杂食，如弃掉的瓜皮、果皮、蔬菜叶、树叶、野草等，这些饲料来源根据饲料原料的分类及特点归为以下6类。

1. 精饲料

主要是粮食、油料加工副产品和下脚料，如黄粉虫喜爱的麦麸，还有高粱、玉米、米糠等。一般均可生喂，炒得半熟略带芳香味，更适口，但不能炒焦。掺有滑石粉的麦麸不能喂。

2. 粗饲料

干草类、农副产品类（荚、壳、藤、蔓、秸、秧等）及干物中粗纤维含量大于18%的糟渣类、树叶类等。

3. 青绿饲料

包括多种蔬菜、鲜嫩野草、牧草、树叶、农作物的茎叶。如各种青菜、莴苣叶、白菜、南瓜叶、甘薯叶、豆叶；幼虫还吃榆叶、桑叶、桐叶、豆类植物叶片和各种阔叶青草等。

4. 多汁饲料

主要指多种瓜类，含水分较多，宜在夏季高温季节投喂。如南瓜、西瓜皮、菜瓜、甘薯等，以及这些瓜的花瓣；桃、李、梨等水果皮。

5. 蛋白质饲料

包括植物蛋白饲料，如棉籽饼、菜子饼（要加热去毒）、各种豆饼、豆腐渣（晒干）；动物蛋白饲料如鱼粉、蚕蛹粉、蛆粉，还有厨房和食堂的肉类下脚，各种动物碎渣剩骨；以及蚯蚓等。

6. 添加剂

包括矿物质饲料，如骨粉、贝壳粉、石粉等；维生素饲料，如维生素B族、维生素A等复合维生素或单一维生素；以及所有的如防腐剂、着色剂、矫味剂、抗氧化剂、各种药剂

(如抗生素、激素、杀虫剂、抗寄生虫剂等)、生长促进剂、营养性添加剂（如氨基酸、脂肪酸）等。

一般用精饲料、蛋白质饲料和添加剂做成配合饲料（混合饲料）作为黄粉虫的主要营养来源，青饲料和多汁饲料作为黄粉虫营养和水分的补充来源。饲料的好坏是影响黄粉虫生长的关键，一般应注意以下几点。

① 黄粉虫的精饲料或混合饲料使用前要消毒晒干或在70℃烘干以备用，但新鲜的麦麸也可以直接使用。

② 打过农药的菜叶不能喂，青饲料无污染的情况下，最好不要洗，因为鲜嫩的青饲料，洗得越净，水溶性维生素损失越多。若为市场购买的青菜饲料，为防止农药危害黄粉虫，一般要清洗浸泡半个小时左右，放架上沥去过多的水分再投喂，不要把过多的水分带进养殖盘，预防饲料发霉。青饲料最好现采现用，若用不完，可放置于阴凉通风的地方，且不可存放太久，也不要堆放。青饲料鲜嫩可口，黄粉虫爱吃，如堆放太久，很容易发热变黄，不仅破坏了部分维生素，降低了适口性，而且也会产生亚硝酸盐，易导致黄粉虫中毒死亡。煮青饲料不但没有必要，而且适得其反，因高温会使大部分维生素、蛋白质遭到破坏，加热后还会加速亚硝酸盐的形成，黄粉虫吃后易中毒。

喂量应适度，按干物质计算，占日粮的20%～25%，按鲜量计算，约为75%。

③ 一般在投喂麦麸时，随着投喂青饲料或多汁饲料，然后根据养殖房湿度的大小，追喂青饲料。湿度过大时，一般间隔4～5天投喂一次青饲料，湿度过小时隔日投喂一次。

④ 投喂青饲料和多汁饲料时要均匀，一次让所有虫子都能吃上。饲料盒里没有主饲料只剩下虫粪的情况下，切忌投喂

青饲料。投放的青饲料不能过多，黄粉虫吃不完的菜叶干了，虫不愿吃了就浪费了。为了防止过剩的干菜叶发霉，每隔2～3天都要将过剩的干菜叶清除掉。

根据进食情况，一般在夏季高温时生产快速季节，每天喂食1次即可，每次投喂量要适当，以在第2次投喂时基本无剩余为宜。在冬天因温度低，黄粉虫吃食要少一些，消化能力也差一些，可2～3天投食一次。

研究发现饲料含水量18%时幼虫的增重最快，且幼虫历期比含水量14%的缩短。但是，值得注意的是，饲料含水量过高，饲料容易发霉，而与虫粪一起时更容易发霉，黄粉虫摄食了发霉变质的饲料容易患病，降低幼虫成活率，蛹不能正常完成羽化过程，羽化成活率低。饲养黄粉虫饲料湿度以12%～18%为宜。简易测定方法是将饲料掺水拌匀后用手能握成团，松开后自然散开，无积水现象。在夏季若是有充足的青饲料及瓜果皮等，只投干饲料也可。

黄粉虫喜食、嗜食多汁饲料和青饲料，而且这两种饲料对黄粉虫的生长发育起重要作用。实践证明单纯食用干麦的幼虫几乎不能正常地生长发育。已发现在同一育期添加多汁饲料、马铃薯片幼虫体重与单纯食用干麦麸幼虫体重相差可达10倍以上。食料中经常补充甘蓝叶片也起到同样作用，可使幼虫增重45%，并提前化蛹，增加蛹重21.77%。成虫经常取食含水量高的食料，产卵量可大幅度提高，如加喂菜叶可增加产卵量54%，延长寿命20天。添加菜叶、萝卜和马铃薯等的效果明显好于直接喷水，这是因为添加以上等料满足了黄粉虫必需的水分和湿度，而且也为黄粉虫生长提供了丰富的微量元素、多种氨基酸和维生素；而直接喷水可能导致虫体所处的环境过湿而不利于虫的生长。

第三节　黄粉虫饲料配制

前面已经谈到，黄粉虫人工饲养时，不能只喂一种饲料，黄粉虫的饲料虽然杂广，但不同饲料的组合和搭配，对其的生长、发育、繁殖影响很大。实践证明，单一的饲料喂养，会造成饲料浪费。单用麸皮喂养的黄粉虫鲜虫，每增1千克虫重需消耗饲料4～5千克，而用复合饲料喂养的黄粉虫鲜虫，每增加1千克虫重仅消耗饲料2.5～3千克。所以，养殖黄粉虫不能单纯地计算饲料的成本，还应同时注意饲料的营养价值，应该投喂多种饲料制成的混合饲料，这样才能满足黄粉虫生长、发育、繁殖所需要的各种营养物质，保证其正常生长状态，不然，黄粉虫得不到足够的营养物质，仅能维持生命，生长发育受阻，虫体变小，繁殖力下降。市场还没有现成按黄粉虫的营养需要标准（或饲养标准）配制的专用饲料，有时我们可以使用鸡等禽类饲料来代替，对于孵化后第一次投料的幼虫，证明效果还可以，但是成本较高。

养殖户如能自行配制黄粉虫饲料，不但能充分利用本地饲料资源，有效降低饲养成本，在饲养黄粉虫时，还有更好的适应性，能使黄粉虫产品更有特色，满足消费者追求绿色、追求自然的时尚需求，能更好地占领一方消费市场。但在具体操作中，许多养殖户缺乏饲料配制方面的技术和设备，自配饲料往往出现营养不均衡，养殖效益不太理想。为此，我们总结了自配黄粉虫饲料需要掌握的几点内容，现介绍如下，希望能给广大养殖户提供帮助。

1. 黄粉虫饲料配制需要调整的成分

复合饲料不是各种原料的简单组合，而是一种有比例的

复杂的营养组合。这种营养配合愈接近饲养对象的营养需要，愈能发挥其综合效应。为此，设计饲料配方时不仅要考虑各营养物质的含量，还要考虑各营养素的全价性和平衡性。营养物质的含量应符合饲料标准；营养素的全价性即各营养物质之间以及同类营养物质之间的相对平衡，否则影响饲料的营养性。若饲料中能量偏低而蛋白质偏高，部分蛋白质就会被降解而成为能量使用，从而造成蛋白质饲料的浪费；若赖氨酸偏低会限制其他氨基酸的利用，从而影响体蛋白的合成；若钙含量过高会阻碍磷和锌的吸收。因此，在制作饲料配方时要充分考虑各营养物质的全面性和平衡性，不足部分必须用添加剂补足。黄粉虫饲料配制时需要调整的营养成分主要包括四大项，即能量、粗蛋白质、氨基酸、矿物质（主要包括食盐、钙、磷等）。

（1）能量和蛋白质的调整　根据黄粉虫的食性，能量饲料一般都以麦麸为主，并要适当增加几个品种的能量饲料，以使营养均衡。要添加动物蛋白，如血粉、羽毛粉都是很好的动物性蛋白饲料，鱼粉更好，但价格较高，所以为了降低成本，用量不宜超过5%，一般用1%～2%。棉籽饼用量也不宜超过5%，防止棉酚蓄积引起中毒。桑蚕产区应充分利用蚕蛹，河湖地区可以充分利用淡水鱼虾。

（2）要根据饲料特点补充和调整氨基酸　黄粉虫饲料依据氨基酸的重要性排位，为赖氨酸、蛋氨酸、色氨酸、苏氨酸、胱氨酸。玉米中缺少赖氨酸、精氨酸，但蛋氨酸较多；豆饼中赖氨酸较多，但缺少蛋氨酸；棉籽饼中缺少赖氨酸，而其中的蛋氨酸、色氨酸却明显高于豆饼；鱼粉中含有多种氨基酸，尤其是赖氨酸十分丰富。

（3）添加维生素和矿物质的调整　黄粉虫一般不需要补

充脂溶性维生素（包括维生素 A、维生素 D、维生素 E、维生素 K）。黄粉虫的饲料中需要添加维生素 B 族，包括维生素 B_1、维生素 B_2、维生素 B_6、维生素 B_{12} 以及生物素、泛酸、烟酸、胆碱、肌醇、叶酸等；矿物质用量虽然不多，但要远远高于维生素，因此，应在配方中留有调整的余地。黄粉虫饲料对食盐一般用量为 0.4%，标准用量为 0.37%。黄粉虫生长过程中对硒的敏感性非常强，使用亚硒酸钠饲喂黄粉虫时，发现黄粉虫幼虫生长发育不良、行动迟缓、拒食，严重的可在短时间内死亡等。因此应避免饲养过程中使用有硒元素的饲料添加剂。黄粉虫成虫饲料要适当提高饲料钙的含量，可以达到 1%。

2. 合理利用当地资源

制作饲料配方应尽量选择资源充足、价格低廉而且营养丰富的原料，尽量减少粮食比重，增加农副产品以及优质青、粗饲料的比重。粉渣含水量高，含粗纤维较多，应晒干后再按一定比例配用。豆腐渣含有抗胰蛋白酶，影响黄粉虫对蛋白质的吸收，应该蒸煮后再用。高粱含单宁较多，要控制用量，一般不超过 10%，用量过多会导致便秘。甘薯干中含淀粉较多，黄粉虫生食消化率不高，宜蒸煮后再用。槐叶含维生素、蛋白质较多，可采集晒干后磨粉，按 2%左右的用量配入饲料中喂养黄粉虫。

3. 精心选择药物添加剂

我国批准在饲料中使用的抗生素类药物主要有杆菌肽锌、恩拉霉素、维吉尼亚霉素、泰乐菌素（进口产品叫磷酸泰乐菌素）。养殖户最好根据当地中草药分布情况，选择成本低廉的中草药。选择合适的抗菌中草药如金银花、野菊花、蒲公英、鱼腥草、大蒜等以及健胃中草药如山楂、木香

等作为添加剂。中草药添加剂由于无抗药性和药物残留、副作用小、效果显著、利于环保、资源丰富等优点备受人们的关注。中草药添加剂在黄粉虫养殖中的作用主要表现在以下几个方面：促进黄粉虫生长，提高饲料转化率；改善黄粉虫产品质量和风味；增强机体免疫功能和防御机能，提高抗病力；具有抗菌抗病毒、解毒驱虫作用；替代部分矿物质添加剂和维生素添加剂。

目前黄粉虫出口产品批次的合格率不容乐观。有统计数据显示，所有黄粉虫出口制品的批次中有近 1/4 不合格，主要原因之一是检测出了含有土霉素、金霉素等禁用药品或药品含量超标。还有相当一部分仅仅停留在用作动物性饲料这一层面上，这均影响制约了该产业的可持续发展。

总之黄粉虫饲料应考虑多种原料的合理搭配与安全性。饲料的合理搭配包括三方面的内容，一是各种饲料之间的配比量，二是各种饲料的营养物质之间的配比量，三是各种饲料的营养物质之间的互补作用和制约作用。饲料中各种原料的配比量适当与否，可关系到饲料的适口性、消化性和经济性。饲料的安全性指黄粉虫食后无中毒和疾病的发生，也不至于对人类产生潜在危害。

为使黄粉虫正常生长和繁殖，现提供以下饲料配方供参考(混合饲料的配合百分比)。

1. 幼虫和成虫通用配方

可以单用麦麸喂养，或加适量玉米粉，虽然这样可以饲养繁殖，但是实践证明，效果不是很好。因黄粉虫食性较杂，除了饲喂麦麸外，尚需补充蔬菜叶或瓜果皮，以及补充水分和维生素 C。青菜不要投喂太多。

1 号饲料配方：麦麸 80%，玉米粉 10%，花生饼 9%，其他（包括多种维生素、矿物质粉、土霉素）1%。

2号饲料配方：麦麸40%，玉米40%，豆饼18%，饲用复合维生素0.5%，饲用混合盐1.5%。

3号饲料配方：麦麸60%，碎米糠20%，玉米粉10%，豆饼9%，其他1%。

4号饲料配方：麦麸70%，玉米粉20%，芝麻饼9%，鱼骨粉1%。

5号饲料配方：麦麸55%，米糠20%，小麦粉10%，胡萝卜13%，食糖2%。

6号饲料配方：麦麸27%，小麦粉67%，酵母粉3.5%，食盐2.5%。

2. 幼虫常用饲料配方

1号饲料配方：麦麸70%，玉米粉25%，大豆粉4.5%，饲用复合维生素0.5%。将以上各成分拌匀，经过饲料颗粒机压成颗粒，或用16%的开水拌匀成团，压成小饼状，晾晒后使用。

2号饲料配方：麦麸70%，玉米粉24%，大豆粉5%，食盐0.5%，饲用复合维生素0.5%。

3. 成虫饲料配方

1号饲料配方：麦麸75%，鱼粉4%，玉米粉15%，食糖4%，饲用复合维生素0.8%，混合盐1.2%。加工方法同幼虫1号饲料配方。主要用于饲喂产卵期的成虫。喂此饲料可提高产卵量，延长成虫寿命。

2号饲料配方：纯麦粉（为质量较差的麦子及麦芽等磨成的粉，含麸）95%，食糖2%，蜂王浆0.2%，饲用复合维生素0.4%，饲用混合盐2.4%。主要用于饲喂繁殖育种的成虫。

3 号饲料配方：麦麸 45%，玉米粉 35%，豆饼 18%，食盐 1.5%，饲用复合维生素 0.5%。

4 号饲料配方：麦麸 75%，鱼粉 5%，玉米粉 15%，食糖 3%，食盐 1.2%，饲用复合维生素 0.8%。

因为黄粉虫为杂食性动物，不宜长时间饲喂以上的同一种饲料，常需额外补充一些蔬菜叶或瓜果皮和多汁饲料，以及时补充其生长所需的水分和维生素 C，提高其生长速度。

养殖中可根据虫体生长状况和当地的饲料资源以及经济状况，而灵活掌握自行适当调整上述各种饲料的组合比例，不可生搬硬套、固守一方。

饲料原料和饲养标准虽然是制定黄粉虫饲料配方的重要依据，但总有其适用的条件，任一条件的改变都可能引起黄粉虫对营养需要量的改变。根据变化了的条件随时调整营养指标中有关养分的含量，或调整某些原料的配比是十分必要的。如高温季节黄粉虫采食量减少，应适当提高饲料的各项营养水平，以补充因饲料摄入减少而造成的能量、粗蛋白质及氨基酸等主要营养物质的不足所导致的生产性能降低。而低温季节黄粉虫采食量增加，则应提高饲料能量水平，以补充因寒冷所造成的能量消耗的增加，从而降低饲料消耗。

当饲料的质量、价格发生变化时，或是饲养管理方式改变时，或当发生某些传染病以及营养代谢性疾病时，都要适当调整饲料配方中有关原料的配合比例或某一营养指标的含量。对饲料配方适时调整的目的就是为了使所设计的饲料配方能调制出在营养方面可满足需要，在价格方面比较低廉，且适口性和消化利用率均佳的配合饲料。

借鉴推荐配方不可生搬硬套。推荐饲料配方的推广应用对改变我国传统的饲喂黄粉虫方式，提高广大养殖专业户的经济

效益和推动我国黄粉虫养殖业的迅速发展起了积极作用。但推荐饲料配方是在特定的饲养方式和饲养管理条件下产生的，原料的来源比较稳定，质量比较有保障。因此，配方中所提示的营养值和饲喂效果对不同情况的饲养户来说肯定具有一定的差异，借鉴时不宜生搬硬套。应根据各自饲养的实际情况、黄粉虫不同虫期的需要以及所用原料的实际营养成分含量对推荐配方提示的营养值进行复核，调整各种饲料的配比后方可使用。推荐饲料配方最大的优点是原料选择一般比较合理，尤其更适用于本地区的饲料来源，原料的配合比例均在较适宜的范围之内，可参照选择原料或避免盲目性。

第四节　黄粉虫饲料加工

一、饲料原料的选择与储存

并不是有完整的饲料配方就能配成营养全面的好饲料，配方中营养再平衡，如果原料储藏出了问题，还是前功尽弃，养殖户配制日粮在考虑原料时往往只注意价格低廉、容易得到的原料，而忽视其他不良因素。在使用原料上要注意以下事项。

1. 注意原料的新鲜度

原料的新鲜度是影响原料养殖效果的主要因素之一。如玉米、小麦等作为活的植物种子，具有很好的新鲜度，可以储存，而玉米粉、小麦粉保存一段时间后其新鲜度会显著下降，养殖效果会降低。大豆、菜子也是活的植物种子，其蛋白质、油脂具有很好的新鲜度，可以达到很好的养殖效果；而一旦粉碎并存放一定时期后新鲜度显著下降，油脂也容易氧化，其养殖效果也会显著下降。就油脂而言，大豆、菜子、米糠等油脂

原料中油脂的稳定性要显著高于豆油、菜子油、米糠油，其养殖效果也要好得多。新鲜鱼粉与存放一定时期的鱼粉比较，虽然从一些营养指标看没有什么变化，但养殖效果却有显著差异。

如何评判一种原料的新鲜度目前还是一件困难的事。鉴定原料新鲜度较为有效的方法是用嘴尝、用鼻子闻，通过感官进行鉴定。感官鉴定除了可以鉴定其新鲜度外，还可以判别原料是否有掺假的嫌疑。每种原料都有其自身的特殊味道，通过嘴尝、鼻子闻和眼睛看，基本可以确定原料的新鲜程度，并通过是否有异味、是否有异物基本可以判定是否变质、是否掺有其他物质。

2. 注意原料的质量

日粮配方的养分再均衡若使用掺假饲料，则会使配方失去它原来的价值，饲料在体内的转化率必然下降。目前可能掺假的原料有：鱼粉中掺水解羽毛粉和皮革粉、尿素、臭鱼、棉仁粉等，使蛋白质品质下降或残留重金属和毒素；脱脂米糠中掺稻糠、锯末、清糠、尿素等使其适口性变差、饲料品质降低；酵母粉中掺黄豆粉，或在豆饼中掺豆皮、黄豆粉掺石粉等降低蛋白质含量；在玉米粉中掺玉米芯、在杂谷粉中掺黏土粉或石粉；在矿物质添加剂中掺黏土粉，在肉骨粉中掺羽毛粉或尿素等都使其成分含量不足或不符合规格。因此在选购原料时，一定要注意鉴别原料真伪；不符合要求的原料，即使价格便宜也不能使用。掺假原料的鉴定也是一件困难的事，最好先采用感官和显微镜鉴定，再进行理化鉴定，最后进行综合鉴定。对此，专业的饲料厂和大的养殖场可以做到，若不具备这样的条件，只能采用感官鉴别，方法与新鲜度鉴别一样，同时采用先小量喂养试验一两次，再大量应用。

3. 改善饲料的储藏方法

饲料的保管、储藏直接影响到饲料的营养价值。饲料保管时温度过高，或因储藏时间过久，因细菌作用而腐败。动物性饲料如含脂肪或水分多，随储藏过久会使脂肪氧化变质，可利用能量就降低，如某些鱼粉因质量差，有的进料时已有结块，若保存过久就会结块成“饼”或变成黑色，所含养分均已被破坏。因而，动物性饲料不宜久储，或提取脱脂后储藏，各类饲料储藏应防止霉菌污染而造成饲料腐败变质和使黄粉虫中毒。玉米、花生饼储藏时易污染黄曲霉菌而使黄粉虫致死、致癌；保存时应保持干燥，储藏时间不能超过 3 个月。光和空气（氧）能使一些维生素氧化或分解，高温与酸败能加速分解，保管时应注意避光、阴凉、干燥：或以骨胶、淀粉、植物胶等做成胶囊加以保护。我们的饲料保管经验是：①去旧存新，必须清底。如饲料库中存放的某种饲料垛，新料来时又接着往上码，还未用完又来新料，天长日久，放在底部的料一直未动用，等到清底时，最底层的料已板结得像“饼”一样，从而导致不能使用。②科学码垛，垫底通风。不同品种的料分别码垛，垛与垛之间留一定距离，便于存取和通风。垛的底部需用枕木等垫高，以利防潮通风，高温季节应采用风机强行通风降温，以防发霉、变质、虫蛀，破坏饲料中的营养成分，降低其利用价值，造成无形浪费。

4. 注意饲料的有害成分

一般的饲料（麦麸）基本上是没有有害成分的，但也有个别饲料含有一定的化学成分，小麦在粮库储存期间，主要应用熏蒸杀毒剂来防虫。一般的杀虫剂均含有比例较高的氯化苦、磷化铝、磷化锌等有机溶液，这些有机液的残留多数会富集在麦粒的表面，待加工成面粉时多数会残留在麦麸里面。这样的

麦麸饲料喂养一般动物或家禽时不会有太大的副作用，但喂黄粉虫就不以了。因为黄粉虫对这些化学成分相当敏感，一旦食用了这样的麦麸，虫子即会发生大面积死亡。如是第一次使用麦麸，应先少量地投喂，如两天后没有什么问题的话就可以大量、长期投喂了。判断青饲料的有害源也要适当地掌握技巧。一般来说蔬菜的农药残留物在经过风吹日晒后两周后基本上会消失，但也有些药物成分会长期保留在蔬菜中，这些药物成分对人没有太多的影响但对黄粉虫就有致命的伤害了，通过长期的饲养经验，我们总结了青饲料的投喂技巧：1～4 月份以后一直到 10 月份之前，在这段时期的蔬菜叶、蔬菜多多少少都会含有一定比例的农药成分，在投喂这样的青饲料前应该先了解菜农对蔬菜喷洒农药的时间，再经过用水清洗后晾干方可投喂给黄粉虫食用。要是掌握不好的话，就不要投喂蔬菜类的青饲料了，而改喂瓜果类的青饲料也可以。因为即使瓜果类有残留的农药也只会在瓜果的表皮，用青水冲洗一遍就可以投喂了。瓜果类的范围很大也很好采集，就是吃剩的西瓜皮也可以成为黄粉虫各类虫态的上好青饲料。水分太大的瓜果类可将瓜果的汁液搅拌在饲料里投喂。注意：马铃薯、红薯因其所含淀粉量过多，一般不建议长期使用。因为淀粉对黄粉虫的消化系统有一定的影响。

此外，无论是黄粉虫饲养房还是饲料仓库都必须灭鼠。因老鼠不仅会产生污染，吃掉大量的饲料，而且还带来一些传染病。一只老鼠一年要吃掉 9～11 千克饲料，因此，消灭老鼠也是节约饲料的重要一环。

二、饲料加工具体操作

黄粉虫饲料的加工不同于鸡、猪、牛的饲料加工。因在饲喂黄粉虫的过程中，养虫箱里的虫粪常与饲料混合在一起，而黄粉虫也在这样的环境中生活。因此，饲料的卫生是十分重要的。保持饲料质量处于良好状态下的最重要因素是饲料的含水量。黄粉虫饲料含水量一般不能超过18%。如饲料含水量过高，与虫粪混合在一起时易发霉变质。黄粉虫摄食了发霉变质的饲料会患病，降低幼虫成活率，蛹期不易正常完成羽化过程，羽化成活率低。若饲料含水量过高，其本身也会变质发霉。所以应严格控制黄粉虫饲料的含水量。

1. 原料粉碎

麦麸不需要再粉碎，但是其他饲料，如玉米、大麦、豆饼等均需要粉碎，一是黄粉虫的口器为咀嚼式口器，粉碎后才利于其采食，否则很难咬得动而影响黄粉虫的采食量；二是原料粉碎后可扩大表面积，易被黄粉虫消化吸收；三是原料粉碎后，才能使各种原料容易混合均匀，从而使黄粉虫饲料营养均衡。

2. 加工方法

(1) 粉状饲料　将粉碎好的各种饲料原料及添加剂按饲料配方混合拌匀就可以了。这种饲料的生产设备及工艺均较简单，耗电小，加工成本低。养分含量和动物的采食较均匀。品质稳定，饲喂方便、安全、可靠，但容易引起黄粉虫的挑食，造成浪费。在运输中还易产生分级现象而产生饲料营养不均衡。

(2) 颗粒饲料　颗粒饲料是指粉料经过蒸汽加压处理而制成的饲料，其形状有圆筒状和角状等。这种饲料密度大、体积小，可改善适口性，饲料报酬高。在制粒过程中，因经过加热、加压处理，破坏了部分有毒成分，起到杀虫灭菌作用，但制作成本较高，而且在加热、加压时使一部分维生素和酶等失

去活性。

（3）碎粒料　碎粒料是用机械方法将颗粒饲料再经破碎加工成细度为2～4毫米的碎粒，其性能特点与颗粒饲料相同。

有条件者，将饲料加工成颗粒饲料和碎粒料是十分理想的。颗粒饲料和碎粒料含水量适中，经过瞬间高温处理，起到了消毒灭菌和杀死害虫的作用，而且使饲料中的淀粉糖化，更有利于黄粉虫消化吸收，同时避免了粉状饲料引起的黄粉虫的挑食，造成浪费和营养不均衡现象。加工颗粒饲料时最好将小幼虫、大幼虫和成虫的饲料分别加工。小幼虫的饲料颗粒以直径为0.5毫米以下为好，大幼虫和成虫饲料颗粒直径为1～5毫米左右，饲料粒度应该利于黄粉虫取食。其次，饲料的硬度亦应适合不同虫龄取食的要求。因黄粉虫为咀嚼式口器，过硬的饲料不适宜饲喂，特别是小幼虫的饲料更要松软一些。

粉状饲料、颗粒饲料和碎粒料都可以直接投喂黄粉虫。使用粉状饲料时为了避免引起饲料分层、黄粉虫的挑食，造成浪费和营养不均衡现象，可将各种饲料原料及添加剂混合抖均匀，加入10%的清水（复合维生素可加入水中）搅匀，拌匀后再喂。但是这种喂法为了防止饲料发霉变质，一次不能拌得过多，以够黄粉虫一次采食即可。对发霉及生虫的饲料最好不要再用，若想不浪费需经过处理才能再用。具体方法是，首先要及时晾晒，或置于烘干箱、烤炉中，以50℃左右的温度，经过30分钟烘至干燥。如此处理可防止饲料霉变和生虫，并可杀死饲料蝇等其他害虫卵。或有冷冻条件的可将生有虫的饲料用塑料袋密封包装后放冰箱或冰柜中在－10℃以下冷冻3～5小时，也有杀死害虫作用。冷冻后再将饲料晒干备用。

第五节　黄粉虫其他饲料的开发

一、黄粉虫生物饲料的开发

大规模饲养黄粉虫时，可使用发酵饲料，也称生物饲料。发酵就是把酵母、曲种等微生物在粗饲料中接种，产生有机酸、酶、维生素和菌体蛋白，使饲料变得软熟香甜，略带酒味，还可分解其中部分难以消化的物质，从而提高粗饲料的适口性和利用效率。利用微生物的发酵作用改变饲料原料的理化性质，降解饲料中的有毒有害成分，积累有用的中间代谢产物，增加饲料的适口性，提高饲料的营养价值和黄粉虫机体的消化吸收机能，使大量的农副产品和不宜作饲料的废弃物转化为黄粉虫饲料，从而达到大大降低黄粉虫养殖成本的目的，提高经济效益。同时，生物饲料是既能提高饲料的品质和卫生又能预防疾病、治理环境污染的黄粉虫"绿色食品"，提高了黄粉虫的产量与质量。

用发酵饲料不仅生产成本低，而且营养丰富，是理想的黄粉虫饲料。高纤维素农副产品，如木屑、麦草、稻草、玉米秆、树叶等，均可经发酵处理后用于饲喂黄粉虫。黄粉虫消化道含有纤维素酶，经长期用木屑饲喂的黄粉虫可以逐渐适应消化木质纤维素。采用含木质纤维的饲料，一来可降低养殖成本，将废弃的农林副产品转化为优质的动物蛋白质，不与畜禽争饲料，同时也为黄粉虫的开发利用提供新的饲料来源。

1. 黄粉虫生物饲料的制备

（1）生物饲料发酵的原料与设备　生物饲料发酵的原料来源很广泛，包括各种农作物的副产物，如秸秆、蔓叶、糠皮、

麸壳和种种无毒树叶、野菜以及农副产品加工业的废渣如薯渣、木薯渣、淀粉渣、蔗渣、糠醛渣等的粗饲料。凡不能作为青饲料或失掉用作为青饲料机会的各种粗饲料，都可以作为生物饲料的发酵原料。发酵饲料的原料应该不霉不烂，尽量多种混合，以利于互补，提高质量。

粗饲料发酵的设备很简单，可以采用地面堆积发酵，也可以采用缸、池、罐、塑料袋以及薄膜衬里的筐篓等容器来发酵；还可以采用前期地面发酵，后期装缸发酵等。

（2）生物饲料发酵的一般方法

① 原料的预处理。干粗饲料发酵前要粉碎，机械粉碎细度既要有利于增加微生物与纤维素的接触面，又要有利于培养微生物时有效控制空气、温度、湿度和酸碱度。一般说来，原料要细，但也不是越细越好，一般细度为1毫米。如果原料粉碎过细，原料中缺乏空气，不利于控制温度、湿度，对微生物生长繁殖也是有害的。

原料除了采用机械粉碎外，必要时还可以采用蒸煮和化学处理等方法（如酸碱和氨化处理等），提高底物对酶的敏感性，减少底物的抗性，使酶充分发挥作用。例如，曲霉糖化熟料的效果好，用熟料制作发酵饲料香味浓、品质高，当然，原料是否需要蒸煮或化学处理，要综合考虑，择优选择。

② 自制曲种制备。采集辣蓼、水蓼、旱田蓼、黏毛蓼等植物的全草（以开花期为好），晒干粉碎，取0.5～1千克干粉或鲜蓼1～2千克切碎，加水15千克左右，煮沸半小时后，与10千克麦麸拌匀，干湿度以手捏成团不滴水为宜，松松装入木制曲盆，厚度为3厘米左右，将3～5盆重叠起来，上层盖上湿麻袋和塑料薄膜，保温保湿，12小时以后待温度上升到40℃，可错盆（上下调换）或敞开降温，即可使用或晒干保

存。好的曲种应上下一致，长满白色菌丝结块成饼，晾干后成灰白色。

③ 原料的配合与拌料。一是要合理配合，以利互补。由于各种粗饲料化学组成不一样，其间附着的微生物种群也有很大的差异，如果能将多种粗饲料按一定的比例混合，不仅可以使营养成分互补，而且可以使微生物种群互补，这样有利于微生物的生长繁殖以及分解纤维素、合成菌体蛋白和有用的中间代谢产物，例如：豆科秸秆含蛋白质较多而含糖量少，并且有腥味，如果与含糖较多、含蛋白质又较少的禾本科植物混合发酵，不但能使营养成分互补，促进微生物的生长繁殖，而且可以避免豆科植物单独发酵时产生不良的气味。用青干草粉与甘薯秧面混合发酵，也比单独发酵好。比如有采用各20%的玉米秸、稻草秸、油菜荚壳和10%的茅草、30%的菜子饼粉混合多菌发酵，其粗蛋白含量高达24%，且香味浓厚，试投喂黄粉虫，效果很好。发酵后香味浓厚，可以投喂黄粉虫，降低成本，提高效益。

为了补充微生物发酵的营养，提高发酵饲料的营养价值，可以根据需要，在原料中添加少量的麸皮、淀粉类、废糖蜜及食盐、味精等，但制作发酵饲料时，一般不应将精料加入（全价饲料中的不需要脱毒处理的大宗原料如豆粕、玉米面、麸皮等，这些原料不能在发酵时大量加入，只能是补充少量地加入，以增加微生物发酵时的启动力），这些精料应在发酵饲料完毕后，在喂的时候加入，如果在发酵料中加入，会增加物料的损耗。

二是水分要适宜，搅拌要均匀。将制好的曲种搓碎成粉（也可以买现成的发酵粉），与配合好的原料、水搅拌均匀，用100千克干粗饲料，加3～5千克曲种，再加水100千克（一

般料水比为1∶1)。具体的比例应视原料含水量的多少、吸水率和吸水快慢来决定。确定含水量是否合适的方法是：用手抓一把刚搅拌好水的料，用力一握，指缝中能见水珠而不滴落为度。饲料的含水量太高，饲料的颗粒之间就缺氧，尤其是真菌曲霉菌的增殖就会受到抑制，而厌氧的丁酸菌则得以繁殖，使饲料腐烂发臭，或者至少也会造成饲料酸度过高，香味不足；如果水分含量过低，则饲料的软化程度不够，不利于发酵，而且也不容易搅拌均匀，但是只要不是水分太少，饲料照样能发酵增温。制作发酵饲料的培养时间不长，而且不等饲料干燥就开始饲喂，所以含水量稍低还可以。冬天要把水加温到 40℃左右加入，可以方便发酵快速进行。

④ 压实发酵。将备料在容器中充分压实，以无明显松浮感为宜。然后进行密封，密封可使用加盖、加塑料薄膜等方式封存，一定要严实，以保证发酵的温度和湿度环境，生产优质饲料，否则会影响产品的质量，该过程是整个技术的核心和关键所在。密封后的料一般在 25℃以上的发酵需要 10 天左右，15℃以上时需要 15 天左右，具体温度具体对待，温度高，发酵时间缩短，温度低，发酵时间相应延长，其感观指标为金黄色，质地柔软，并略带水果香味，潮湿但挤不出水分。

2. 如何用生物饲料饲养黄粉虫

生物饲料可以单独使用，将发酵好的生物饲料略为晒干或者烘干后就可以像普通饲料一样喂黄粉虫。当然生物饲料一般是与其他普通饲料（比如麦麸等）混合后使用，生物饲料的添加量为 40%～60%，实践结果表明效果更好。另外，若能添加一些高蛋白的饲料，可以加快黄粉虫的生长和繁殖。同时，要适当喂些青料以补充水分。

二、用酒糟作黄粉虫（幼虫）饲料的开发

为降低黄粉虫生产成本，可利用酒厂的副产品白酒糟进行喂养。用酒糟喂养很有意义，不仅能生产出蛋白质含量高的黄粉虫，也为其大量生产找到了一种廉价的饲料，更为白酒糟的综合利用找到了一种新的有效的方法。我们通过对白酒糟-黄粉虫食物链组合技术的试验总结，认为该项创新技术值得在有条件的地方加以推广应用，并为广大养殖户增收节支提供一套新的饲养方法。具体应用技术方法简介如下。

1. 场地选择

场地选择除了遵循黄粉虫养殖一般原则外，还需要有白酒糟储存室。

2. 酒糟准备

白酒糟是酒厂的副产品，其中含有水分约65％、粗蛋白约4％、粗脂肪约4％、无氮浸出物约15％、粗纤维（即稻壳）约12％和含量丰富的多种维生素。白酒糟中由于含有很多发酵过程中疏松透气用的稻壳，所以不能直接用白酒糟饲喂牛、猪、鸡等家畜家禽，但黄粉虫却能很好地取食利用稻壳酒糟中碎屑的营养成分，并且生长发育很好，转化效率很高。但白酒糟由于含有大量的水分，易再次发酵霉变，所以最好不要储存，适宜随用随运。

3. 用于幼虫饲养

一般黄粉虫初孵低龄幼虫不需要添加饲料，低龄幼虫取食麦麸就足以维持生长。为防止饲料干燥缺水，可以在麦麸中埋放几块马铃薯或南瓜片等鲜料。低龄幼虫取食完麦麸后，就可以向饲养盒中添加适量的白酒糟饲料了，然后摆放在饲养架上任幼虫取食生长，以后视取食情况不断地添加酒糟饲料。当幼

虫长大密度过大时，就要适时分盒，分盒后再添加酒糟饲料。

① 白酒糟饲料的配制。在用白酒糟作主粮时，还要搭配麦麸、米糠、豆粕等，做到营养全面，促进幼虫健康生长。一般麦麸20%、米糠5%、豆粕4%、鱼粉2%、饲用复合维生素0.5%、骨粉1%、食盐0.5%，其余的加白酒糟拌匀，做成白酒糟饲料。需要注意的是，饲养时除了用白酒糟饲料外，还应该添加蔬菜等青饲料。

② 幼虫的分离利用和效益。养殖幼虫两个多月后，可留15%左右的优良大幼虫作种虫。选种时可用过筛法进行大小分离。如果用于养鸡、养鸟则可以连同稻壳一起直接供禽鸟取食。

4. 用于成虫饲养

目前用白酒糟喂黄粉虫成虫还处于实验阶段，所以要慎用。用于饲养成虫时，白酒糟饲料的用量不能占太大的比例，一般只能占40%以下，而且要晾晒干后再拌料喂，喂法和喂正常饲料一样。

利用白酒糟饲料饲养黄粉虫，成本低廉，方法简单，可大规模生产，效益也很高。

第三章 黄粉虫人工养殖

第一节 黄粉虫养殖场地的选择

黄粉虫人工养殖场地的设计就是根据黄粉虫的生物学特性，人为创造适宜黄粉虫的生活环境，然后进行饲养繁殖生产，从而获得经济效益。所以，在养殖黄粉虫之前，应全面了解黄粉虫的生物学特性，比如了解黄粉虫生长所需要的温度、湿度、食物和光照等。

场地的选择很重要，养殖场地要宽敞，黄粉虫喜欢通风安静场所，惧怕刺激性的气味，所以最好选择远离闹市嘈杂的公路及距化工厂远些的地方作为饲养厂所，其最适应农村安静的环境，周围没有什么污染源。黄粉虫原是在仓库中生活的昆虫，因而人工养殖也是在室内进行。黄粉虫的各虫态对环境有着不同的要求，但总体来说，要求并不高，它对环境的适应性很强。

养殖黄粉虫的饲养房，通风要好，室内光线要暗，防止太阳照射。所用房间必须堵塞墙角孔洞、缝隙，并粉刷一新，以达到防鼠、灭蚁、保持清洁的目的。为了减少投资，减轻风险，最好充分利用闲置的空旧房，如一般的旧厂房、仓库、民房、废弃了的旧学校都是理想的养殖场所。但是这些空旧房要求必须没有堆放过农药、化肥和其他刺激性气味的物品，如油漆、柴油、各类洗涤剂、化妆品等。水源要清洁，因为黄粉虫

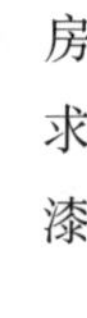

需要一定的水调饲料，或者洗青饲料等，而且工人需要饮水，一般自来水或深井水均可，未消毒的池塘水一般不能用。另外，为便于管理，应有可靠的电源，同时周围无噪声干扰。俗话说："寒能加暖，热不能扒皮"，而且黄粉虫惧怕高温，所以养殖房的选择，要求有好的通风，以便夏季散热。

室内地面要做到平整光滑，最好能用砖地面，吸水性好、可以调湿，降温快，冬暖夏凉。也可以用水泥等沙浆抹平。既要便于搞好养殖卫生，同时又便于拣起掉在地上的虫子。饲养室的大小可视其养殖黄粉虫的多少而定。一般情况下 20 平方米的一间房能养 300～500 盘。

墙壁窗户为能较好地防止天敌——老鼠、壁虎、鸟类、蜘蛛等的侵害，门、窗都要装纱窗，可用质量无需太好的、宽 2.5 米的塑料布封好，这样，不但防害，而且干净保温。特别值得一提的是排气扇要在前面或者后面用纱网罩住，否则，野鼠很容易从其中进入。冬季，可以根据屋子的宽度，用整幅的塑料布封顶（注：用无涤膜），这样不会有露水滴落。安装方法是高度可在 2.2 米。为了不让塑料布顶棚上鼓下陷，可横着每 50～80 厘米拉一道铁丝，把塑料布上下编好封边（固定铁丝、拉紧，可用钩膨胀螺丝或尖铁）。

使用闲置空房作饲养室，为了集约化管理，最好相近连片，形成一定的规模。饲养室不仅要透光、通风，冬季还要有取暖保温设备。设置温度计与湿度计，并插于虫盘中央。也可用塑料大棚饲养，最好是将大棚建在半地下为好，因为半地下式大棚可有效保存温度，大大节约升温成本，半地下大棚的优点在于成本低且好建造，还有冬暖夏凉的效果。

为了使黄粉虫生活的环境温度、湿度能够较好地得到控制，黄粉虫饲养房最好采用保温、隔热方法。在黄粉虫饲养房用铁丝在房间两米五高度左右纵横均匀地拉好网面。再将买好的塑料泡沫板（也叫苯板）平整依次地放在拉好的铁丝网面上。塑料泡沫板厚度要求在五厘米以上，因为只有在这个厚度以上它的保温效果才是最理想的。塑料泡沫板之间的缝隙可以用塑料泡沫板的废角料裁出相应的细条在顶棚上面用细铁丝固定，也可用相应长的木条或竹条加以固定，以防在夏季开门、窗通风降温时苯板被风刮起造成不必要的损失。

冬天升温的设备要根据饲养房的大小来选择，一般大小的饲养房推荐的升温设备是普通的煤炉。因为煤炉这种设备容易买到而且价格不高，使用成本低，效果也比较理想。煤炉的安装方法是：先把要使用的煤炉安装在饲养车间比较宽敞的地方，再用铁皮管道将煤炉的排烟口接至车间外面。在使用时一定要注意不可泄露太多的煤烟在养殖车间内，如果工作人员在车间内很轻易地就能闻到煤烟味的话就说明煤烟的含量已经超标，要迅速采取相应的措施，打开门窗通风换气，检查煤炉或烟道是否有破损的地方，及时修复或更换，以免造成不必要的损失。

若是大规模饲养的房间可以利用火炕加热法，火炕加热法就是参照北方火炕加热的方法再进行改进而做的。把整个饲养房的地面看作是一个火炕，在黄粉虫养殖房地面下挖成“日”字形，用砖或者烟囱管做成管道，进火口位于室外，灶膛一般位于室内，中间烟道与进火口之间设置分火砖，可将烟分成三股进房，出烟口与中央烟道相对，三股烟道回合后连接出烟口排出房外的烟囱（图 3-1）。在烧火时，热量随着火道散热，使房子地面好像火炕一样变热，从而使房内变暖。由于火炕加热法使整个房间地下均变热，所以该法能保持较长久恒定的室温。这种加温方法由于是干热，容易造成整个房间的干燥，所

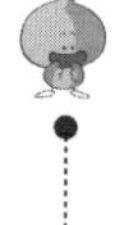

以在加热时要在室内放一桶水，这桶水最好放在室内的灶膛上。火炕加热法可用有烟煤作燃料，也可用农作物秸秆作燃料，经济方便。若有条件的可以用工厂的余热，以降低成本。

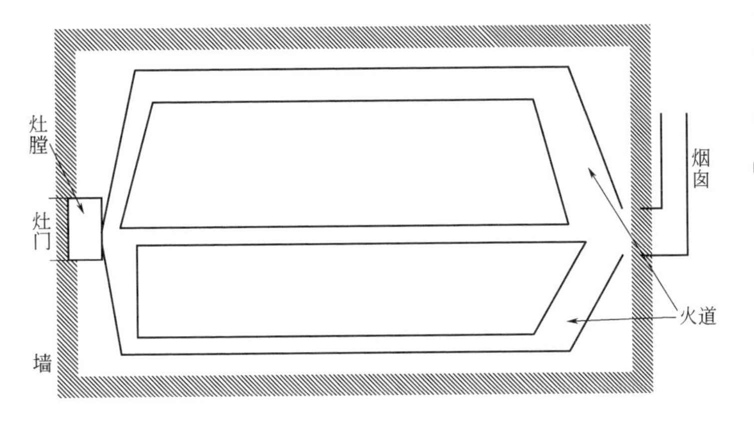

图 3-1　火炕加热法

目前，黄粉虫人工养殖的方法根据规模的大小，可以分为家庭式养殖和工厂化养殖两种。

第二节　家庭小规模养殖技术

家庭小规模饲养黄粉虫，一般指月产量 50～100 千克以下的养殖，并且一般不需专职人员喂养，利用业余时间即可。若是以这个规模饲养，黄粉虫的饲料基本不用单独购买，可以充分利用各种农业有机废弃物等资源，用工也非常少，利用早晚、饭前饭后的闲暇时间予以操作即可。饲养设备简单、经济，可用木盒、塑料盘（盆）、纸盒、养殖池等进行饲养，只要容器完好，无破漏，内壁光滑，虫子不能爬出，即可使用。可放在随意的地方，不受环境条件的限制。

一、木盒

为方便操作，应制作统一规格的木盒。养殖户可根据饲养室的大小，制作规格在长 80～100 厘米、宽 45～50 厘米、高 6～8 厘米的敞口木盒。盒内壁应无钉眼、无缝隙、无虫钻痕迹，在四周镶上装饰板条或粘贴胶布固定好作光滑的衬里，也可刷上油漆，以防虫逃。底板用纤维板钉严密，刷上油漆，以防虫咬。具体制作可参照本章第三节介绍的方法。

二、塑料盘（盆）

可向塑料杂品商店购买黄粉虫养殖专用盘，也可购买一般常见的塑料洗衣大盆。为便于叠放，一般用长盆为宜。用塑料盘（盆）饲养的好处是内壁光滑，不易被虫子咬坏，防逃功能很好。若盘内壁不光滑，可贴一圈胶带纸，围成一个光滑带，防止虫子外逃。缺点是不能吸收水分，易导致幼虫发生淹溺事故。

三、纸盒

用纸盒养虫有容易制作、轻便易搬和经济实惠等优点，缺点是不能坚固耐用。纸盒内壁需用光滑胶带粘贴严实，不留缝隙，防止被虫子咬坏。用常见的瓦楞纸就可制作。因其易于变形，规格宜小不宜大，一般以 80 厘米×45 厘米×6 厘米为宜。

四、养殖池

一般是建筑平地水泥池，多用于大面积饲养幼虫。根据饲养室大小，常见为正方形（200 厘米×200 厘米×15 厘米）或长方形（250 厘米×150 厘米×15 厘米）的池子。池内壁粘贴

光滑瓷砖以防逃，池底建地下火道用于升温。因面积较大，饲养员可进入池中进行日常管理。养殖池用途较多，还可用来储放黄粉虫或用于其他方面；缺点是单位面积利用率低。

另外，需要 40 目、60 目筛子各 1 个。

具体的饲养过程如下所述。

① 取得虫种后，先经过精心筛选，选择个体大、整齐、生活力强、色泽鲜亮的，专盆喂养。普通脸盆大小容器养幼虫 0.3～0.6 千克。用普通脸盆可养幼虫 500 克，用常见的洗衣大盆能养殖 3 千克左右。

② 在盆中放入饲料，如麦麸、玉米粉等，同时放入幼虫虫种，饲料为虫重的 10%～20%，3～5 天待虫子吃完饲料后，将虫粪用 60 目的筛子筛出。继续投喂饲料。适当加喂一些蔬菜及瓜果皮类等含水饲料。

③ 虫体长至 6 龄时因幼虫群体体积增大，应进行分群饲养，待幼虫继续蜕皮长大。老龄幼虫在化蛹前四处扩散，寻找适宜场所化蛹，这时应将它放在包有铁皮的箱中或脸盆中，防止逃走。幼虫化蛹时，蛹不摄食，也不活动，及时将蛹挑出分别存放。化蛹初期和中期，每天要检蛹 1～2 次，把蛹取出，放在羽化木盒、塑料盘（盆、箱）中，避免被其他幼虫咬伤。化蛹后期，全部幼虫都处于化蛹的半休眠状态，这时就不要再检蛹了，待全部化蛹后，筛出放进羽化用的木盒、塑料盘（盆）中，蛹处于饲料表面，要保证环境温度适宜。经过 8～15 天后蛹羽化变为成虫，就要为其提供产卵环境。

④ 把羽化的成虫放入产卵的盆（或箱）中，在盆或箱子底部铺一张报纸，然后在纸上铺一层约 1 厘米厚的麦麸等精细饲料，将羽化后的成虫放在饲料上。在 25～32℃时，成虫羽化约一个星期后开始交配产卵。黄粉虫为群居性昆虫，交配产

卵必须有一定的种群密度，即有一定数量的群体，交配产卵方能正常进行，每平方米虫箱养殖1500～3000只。成虫产卵期投喂较好的精饲料，除用混合饲料加复合维生素外，另加适量含水饲料，如菜叶、瓜果皮等，这不仅可以给成虫补充水分，且可保持适宜的环境相对湿度。但湿度也不可太高，湿度太高会造成饲料和卵块发霉变质。湿度太低又会造成雌虫排卵困难，影响排卵量。所以用此法饲养黄粉虫应严格控制盆内湿度，应在饲养过程中不断摸索，掌握调控湿度的技术。

⑤ 成虫产卵时将产卵器伸至饲料下面，将卵产于纸上面。由于雌虫产卵时同时分泌许多黏液，卵则黏附在纸上，同时又黏附许多饲料，将卵盖住，很多卵产在一起为聚产，这张纸称为“卵纸”。待3～5天后卵纸粘满虫卵，应该更换新卵纸，若不及时取出卵纸，成虫往往会取食虫卵。取出的卵纸集中起来，按相同的日期放于一个盆中，待其孵化。气温在24～34℃时6～9天即可孵化。刚孵化的幼虫十分细软，尽量不要用手触动，以免使其受到伤害。

⑥ 将孵化的幼虫集中在一起饲养，幼虫密度大，成活率会高一些。经过15～20天后，盆中饲料基本被幼虫吃完，这时可进行第1次筛除虫粪。筛虫粪用60目的筛网，以后每3～5天筛除一次虫粪，同时投喂1次饲料，饲料投入量以3天左右被虫子吃完为准。

注意：投喂菜叶或瓜果皮等的时间应在筛虫粪的前1天，投入量以1个夜间被幼虫食尽为度，或在投喂菜叶、瓜果皮前先将虫粪筛出。因投喂菜叶后，虫盆内湿度加大，饲料及卵易发生霉变，第二天要尽快将未食尽的菜叶、瓜果皮挑出。特别是在夏季，要防止盆内湿度过大，以免造成饲料霉变，幼虫死亡。用塑料大盆喂养的同时应注意：因大盆不吸收水分，喂食

时饲料湿度不要太大，盆底绝对不能出现明水，以免黄粉虫在水中因气孔受阻而窒息死亡。

如此喂养，只要管理周到，饲料充足，每千克虫种可以繁殖50～100千克鲜虫。这种方法仅适于家庭小规模喂养，成本还是较高的，但条件和方法相对简单容易办到，也可参考本书其他章节内容作技术调整。

第三节 大规模养殖场地建设

大规模黄粉虫饲养是指饲养量较大，黄粉虫幼虫月产量达到100千克以上。由于饲养量大，需要优化各种实施设备，以期达到黄粉虫生活环境的优良，又能为饲养管理操作提供方便，即既能让黄粉虫生长发育和繁殖良好，又能提高生产效益，降低单位成本，使规模养殖产生效益。也称之为工厂化养殖。

1. 养殖房的规划

有关场地选择遵照该章第一节。该种养殖方法需要大的饲养空间，所以有必要对养殖房进行规划，也就是将养殖房划分为各种不同的功能区，以各功能区互不影响且又利于管理为原则，同时应适应各功能区特点的科学性和合理性。根据房间的大小，每个房间放置若干排饲养架（图3-2）分区，并不是说非要用墙等分隔开，那样反而不利管理，只是人为地分，即这个区域相对集中放置某种虫态，以便于管理。

当然，每个虫态最好都有单独的饲养室，这样有利于根据各个虫态的特点控制环境条件和进行管理，种虫室饲养成虫产卵，并定期将收集的卵进行孵化，幼虫室饲养1～2月龄后的幼虫，种虫养于种虫箱内。比如有专用的孵化室，可以把温度

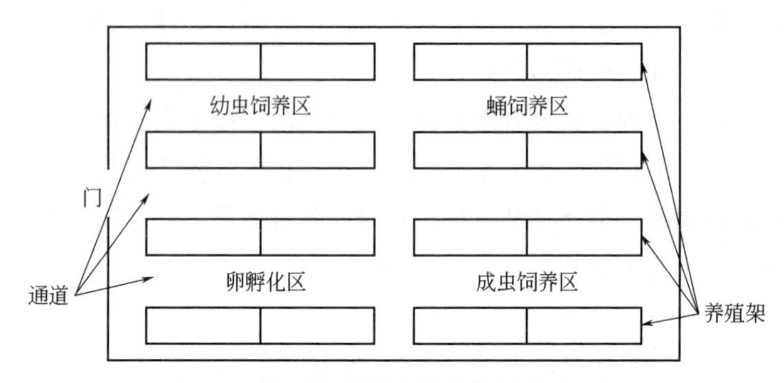

图 3-2　黄粉虫养殖房布局

控制在 25～30℃、湿度在 60%～85%，孵化率就基本可达到 100%。饲料、杂物、办公、生活等应该有各自独立的房间，以便于管理。

2. 主要的饲养设备及工具

黄粉虫饲养用具主要有立体养殖架、养殖箱（盘）、产卵筛（40～60 目）、虫粪筛（20～60 目）、选级筛（10～12 目）、选蛹筛（6～8 目）等。

饲养架、养殖盒、分离筛等应该自制，可以降低成本，自制所需的原料主要有木板（可以用些边角边料板材）、三合板（1.2 米×2.44 米）、胶带（7.2～7.5 厘米宽）。自制的用具等规格应一致，以便于技术管理。饲养盘通常是选用实木材来制作。在选择木材时要先了解一下木材的性质，没有特殊气味的木材都可作为原材料来使用。在使用密度板、纤维板、木合板、胶合板的时候也应注意最好选用旧的材料，或是经过长期挥发后的材料。因为人工合成的各类板材均含有不同量的化学有机溶剂。如果资金不足也可以用纸箱来代替饲养盒。纸箱的成本低，但耐用程度不如各类木制的盒子，也受湿度的影响，使用寿命一般在两年左右。

有些资料介绍制作黄粉虫养殖箱时用油漆涂四周木料可以防逃。但是油漆等涂料大多数含有挥发性有害气体，这些有害气体会间接地给黄粉虫的养殖带来不必要的损失。虫子对这些有害气体特别敏感，其生理构造很容易受到这些有害气体的伤害。所以黄粉虫养殖箱以及室内在使用过含有有机溶剂的涂料或油漆后不要马上把虫子放入，要打开门窗待气味挥发后再将虫子放入。前期还应该每天及时地通风换气以保障有害气体不要在室内凝聚。现在已基本采用透明胶带粘贴的方法，简便易行。

（1）养殖架制作　主要是为了充分利用空间，提高饲养房的利用率，方便饲养管理。养殖架一般采用活动式的，可以根据需要移动重新布局。可选择木制或三角铁焊接而成的多层架，要求稳固，摆上养殖箱后不容易翻倒，造成麻烦。要注意的是，根据空间设计架子，不要亏料还要实用，高度一般为1.6～2米，具体高度要依据饲养房的高度和操作方便而定，太高了无法操作；层距20厘米，每个架子可做9层，养殖箱（盘）放置于木条制作的层架上，每层放置1个养殖箱（盘），箱（盘）的大小和架子大小要互相适应，以避免浪费。制造时要注意尺寸和跨距一定要使得盒子抽拉自如，这样既节约空间又不易拉掉盒子。养殖架的设计可根据饲养房的实际情况和操作方便而做适当的调整，不可照搬。为了降低成本，还可以充分利用当地资源进行制作。饲养架第一层距地面30厘米高的脚四周贴上胶带，使之表面光滑以防止蚂蚁、鼠等爬上架。

（2）养殖箱（盘）制作　养殖箱（盘）用于饲养黄粉虫幼虫、蛹以及收集成虫产的卵和在其中进行卵的孵化（也叫孵化箱），其规格、大小可视实际养殖规模和使用空间而确定，可大可小，但要求箱内壁光滑，不能让幼虫爬出和成虫逃跑。选择没有特殊气味的木板（如杨木或杂木板，最好是梧桐木），先将各种板材切割成长80厘米、宽8厘米或长38厘米、宽8厘米，厚度为0.8～1.0厘米的各一块。注意这些板块必须要有一面是光滑的，以便粘贴透明胶带。将准备好的透明胶带平整用力地粘贴在光滑面。再用小铁钉或气枪钉将四块木板钉成一个长80厘米、宽40厘米、高8厘米的木框。四个角的连接处还要用长一些的铁钉进行二次加固，以防使用时开角脱落。将钉好的木框放在平整的地面上，把切割好的木盒底板（80厘米×40厘米的胶合板）放在上面用小铁钉或气枪钉固定。这样一个黄粉虫饲养箱就做成了，木质养殖箱四壁及底面间不得有缝隙，其边框内侧四周粘上胶带纸使表面光滑，以防止黄粉虫幼虫和成虫沿壁爬出。

养殖箱（盘）最佳尺寸为宽40厘米、长80厘米、边高8厘米，这样每张三合板正好9个盒底，不浪费材料，而且刚好与透明胶带宽度适宜。三合板的光滑面在盒外面，为使胶带牢固不让虫子外逃和咬木，要贴好胶带再组装盒子。靠盒底部多留2毫米胶带和底封严。一个孵化箱可孵化3个卵箱筛的卵纸，但应分层堆放，层间用几根木条隔开，以保持良好的通风。

塑料材质也可，但是1～2月龄以上的幼虫应养于木质箱内，以增加空气的通透性，防止水蒸气凝集。若不用养殖架，可以把各养殖箱箱间均以如图3-3所示的角度相互叠至1.5米高，箱堆间应留人行道或20厘米以上间隔，以便于管理或通风透气。

（3）分离筛　分离筛可以用于筛除不同大小的虫粪和分离不同大小的虫子。用于不同用途通常其筛孔的目数也是不同的。所谓目，就是每英寸（相当于2.54厘米）长度上筛孔的

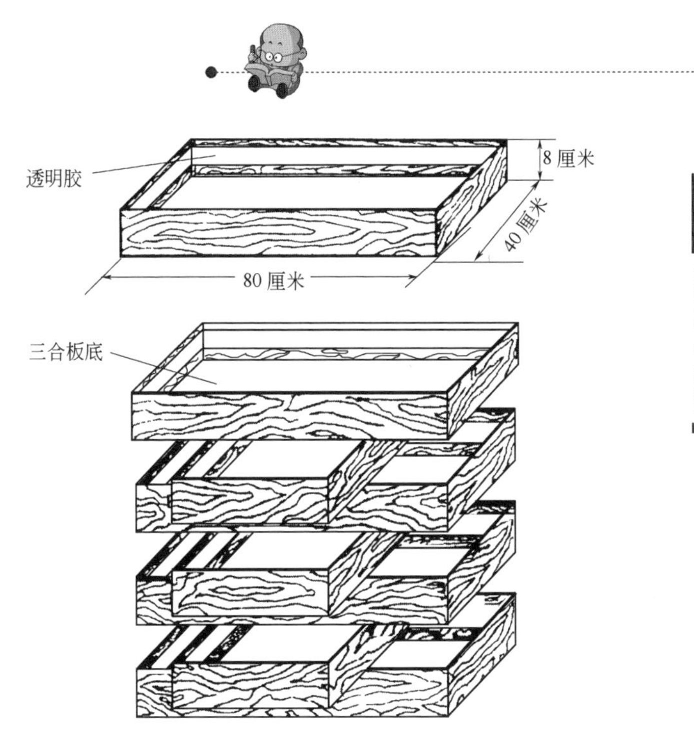

图 3-3 养殖（饲养）箱（盘）

个数，并以此数目为编号，以目来表示。如每英寸长度上有 4 个筛孔的，即称 4 目筛，有 6 个筛孔的为 6 目筛，以此类推。如图 3-4 所示。

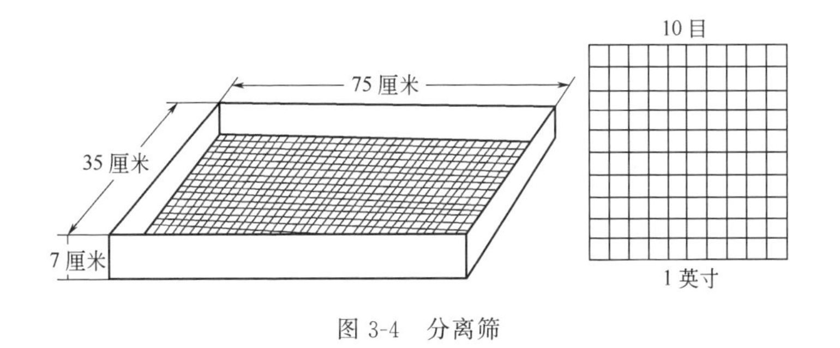

图 3-4 分离筛

分离筛分为以下三种。

第一种用于分离虫粪和各龄幼虫，幼虫与虫粪的分离筛有20目、40目、60目3种网眼的筛子。3～4龄前幼虫用60目筛网筛除虫粪，4～10龄幼虫宜用40目筛网筛除虫粪，10龄以上幼虫宜用20目筛网筛除虫粪。网的材料一般用铁丝网及尼龙丝筛网作底制作而成，四周用与做养殖盘一样宽、高的木板钉成，筛子的大小（即木板的长度）以方便操作为原则，筛子内壁也要粘贴一圈透明胶带。

第二种用于分离老熟幼虫和蛹，其制作与第一种基本相同，不同的是筛网的网眼是用8目。

第三种是产卵筛，也叫产卵盘。成虫产卵的多少及管理方法是否妥当直接关系到商品虫的产量高低与养殖效益的好坏，必须予以重视。成虫的产卵筛可用养殖幼虫时的虫粪筛，也可专门制作。为方便操作，产卵筛规格要小于接卵盒，以便产卵筛能放到养殖盘里面。通常就是四周的木板长度每条减少3～5厘米就可以了。卵筛的内壁要镶光滑的衬里或刷上油漆或贴上透明胶带以防止成虫逃跑。卵筛敞口面四周垂直于盒壁，钉上正面朝里6厘米宽的装饰板条。为经久耐用，底部最好装钉铁纱网，网眼大小一般为40～60目，以便成虫将产卵管伸出筛网产卵；装钉铁纱网时可用厚15毫米左右的木条作压条钉牢，使铁纱底与接卵纸之间有一定的距离，以防止成虫食卵（若未用压条可切厚约15毫米的丁状萝卜、马铃薯等将接卵盒四角支起）。每个产卵筛还要装配一个略大于底部的接卵盒（也可直接用幼虫养殖木盒作接卵盒），接卵盒用纤维板和木条制成，并铺上报纸，撒一层薄薄的麦麸。一般若接卵盒底较为光滑洁净，不会损坏虫卵，也可不用报纸，直接将麦麸撒在盘底上，让卵落在上面。产卵筛与养殖盘制作基本一样，不同的是：①大小不同，产卵筛不能太大也不能太小，要略小于养殖

盘；②底部不同，养殖盘的底部是三合板，产卵筛的底部是铁纱网，且筛网为 40～60 目。封筛网的木条不要太厚，宜在 0.8 厘米，这样利于成虫产卵和节省麦麸。

产卵筛与接卵盒的配套一般是 1 个卵筛配数个养殖（卵）盒。为防止成虫取食虫卵，一般均将成虫放在卵筛中饲养，再将卵筛放入卵盒内，以避免卵受到成虫的危害。

（4）其他用具　干湿度表、弯镊子、塑料镊子、簸箕、菜刀、案板、干湿温度计、旧报纸或白纸和喷雾器等。

3. 黄粉虫养殖场地和用具的消毒

黄粉虫养殖场地使用前要进行消毒处理，饲养用具在饲养黄粉虫半个月左右，也要进行清洗消毒。常用消毒药的配制与使用如下所述。

（1）20%～30%草木灰（主含碳酸钾）　取筛过的草木灰 10～15 千克，加水 35～40 千克搅拌均匀后，持续煮沸 1 小时，补足蒸发的水分即成。主要用于黄粉虫饲养房舍、墙壁及养殖用具的消毒。应注意水温在 50～70℃时效果最好。

（2）10%～20%石灰乳（氢氧化钙）　取生石灰 5 千克加水 5 千克，待化为糊后，再加入 40～45 千克水即成。用于黄粉虫饲养房舍及场地的消毒，现配现用，搅拌均匀。

（3）石灰粉（氧化钙）　取生石灰块 5 千克，加水 2.5～3 千克，使其化为粉状。主要用于黄粉虫房舍内地面及场所的消毒，兼有吸潮湿作用，过久无效。

（4）2%火碱（氢氧化钠）　取火碱 1 千克，加水 49 千克，充分溶解后即成 2%的火碱水。如加入少许食盐，可增强杀菌力。冬季要防止溶液冻结。常用于黄粉虫发生感染时的环境及用具的消毒。因有强烈的腐蚀性，应注意不要用于金属器械及纺织品的消毒，更应避免接触黄粉虫，饲养用具消毒后要用自来水清洗干净，以免伤害黄粉虫。

（5）5%来苏尔　取来苏尔液（煤酚皂溶液）2.5 千克加水 47.5 千克，拌匀即成。用于用具及场地的消毒，用于用具消毒时也要清洗干净。

（6）0.5%高锰酸钾　5 克高锰酸钾加水 1 千克，充分溶解搅拌为溶液。主要用于黄粉虫饲养用具的消毒。

工厂化大规模的具体饲养技术方法可参照本书其他章节介绍的内容。

第四章 黄粉虫的引种繁殖和育种

第一节 引入黄粉虫种源

引种是否成功直接关系到黄粉虫养殖的成败，因此，在引种时应注意以下几方面的问题。

1. 切实做好引种前的准备工作

首先应仔细阅读有关的黄粉虫书籍，初步掌握黄粉虫的生活习性、管理技术、疫病防治等技术要点，了解当地的市场行情与销售途径，谨慎减少养殖风险，根据实际需要筹建黄粉虫养殖场地。黄粉虫场地的建造力求要符合动物生活习性，适宜的环境是动物生产性能正常表现的条件，并做到便于管理、利于防病、适于生长繁殖。引种前要做好一些饲料和饲养盒、饲养架等用具以便种虫引回来之后便于饲养。引种前对黄粉虫养殖场地及用具进行彻底消毒，消毒方式可以用石灰水对场地全面喷洒，用高锰酸钾按 1∶50 的比例对用具喷洒。如果是开始饲养或是黄粉虫发生疾病后重新饲养，可以在彻底清扫后，用高锰酸钾和福尔马林（1∶1）密闭熏蒸 48 小时消毒，这样可以杀灭一切可能存在的病原体和害虫，没有任何死角，消毒比较彻底。但是，要注意密闭熏蒸 48 小时后，要通风 5 天以上才可以开始启用，否则容易引起黄粉虫中毒。

2. 慎选引种单位

有些供种企业利用初养户不了解黄粉虫种虫的知识，用商品虫冒充种虫出售给初养户，导致初养户的产量和数量都难以达到正常的水平，给初养户造成了很大的经济损失。所以初养户在选择引种单位时要慎重考虑，对引种单位和种虫要进行实地考察确认种源品质，对多个供种单位进行考察、鉴别、比较，然后确定具体的引种单位。

有人购买黄粉虫首先看黄粉虫养殖场的规模。片面认为黄粉虫饲养场规模越大，管理越规范，黄粉虫种质量越高。小场所容易发生近亲交配造成退化，质量不可靠。一般来说，作为一个种黄粉虫饲养场必须具备一定的规模。否则，群体太小，血缘难以调整，容易形成近交群并发生衰退现象。但是，也并非规模越大质量越高，这主要取决于该场原始群质量的高低、选育措施是否得当，饲养管理是否规范。如果以上几个方面落实不到位，什么规模的黄粉虫饲养场也难以生产优质的黄粉虫种。而有些规模尽管不大的黄粉虫饲养场，由于非常注重选种育种，饲养管理精心，黄粉虫种质量也相当不错。何况也有个别炒种单位就是利用“人们通常片面认为黄粉虫饲养场规模越大种质量越高”的心理，买来很多商品虫冒充种虫“装点门面”，貌似规模做得很大，同时又使用较大的场地经营，其实就是用商品虫冒充种虫出卖高价。所以要善于区分。

3. 引种时严格挑选，切实把好质量关

俗话说：“好种出好苗，好苗结好瓜”，没有好的苗，给它吃这个、吃那个，再认真，它也结不出好瓜，因为种是最根本，根不好，则很难一下进行改变。最好能请专业技术人员帮助选种。种虫的个体健壮、活动迅速、体态丰满、色泽光亮、

大小均匀、成活率高。而商品虫个体大小不一，有的明显瘦小，色泽乌暗，大小参差不齐（有的经处理不明显），成活率低，产卵量远远达不到要求。黄粉虫与其他养殖业一样，同样受当地气候、环境、资源、市场等条件的影响。

4. 合理引种，量力而行

黄粉虫品种特性的形成与自然条件存在十分密切的关系。不同区域适应性的黄粉虫，若引种不当，则会造成减产。当然，有些种群在引种初期不大适应，经过几年以后就适应了，这就是所谓的驯化。也就是说环境生态条件相近的地区之间引种容易成功。引种必须了解原产地的生产条件，以及拟引进种的生物学性状和经济性状（价值），便于在引种后采取适当的措施，尽量满足引进的黄粉虫对生活环境条件的要求，从而达到高产、稳产的目的。初次引种，应根据自身经济实力决定引种数量，一般宜少不宜多，待掌握一定的饲养技术后再扩大生产规模。另外，也可以适当从几个地区引种，进行比较鉴别，确定适宜饲养的黄粉虫种。

5. 掌握引种季节

引种最好引用当地的优良品种，因其适合当地环境和自然条件，容易饲养成功，亦可免去长途携带或寄运之劳，减少因途中处理不当造成的伤亡。当需要的种虫在本地无法获得时，亦可从外地引种（野生的或人工饲养的种虫均可），黄粉虫引进种虫的季节最好选择在4～5月为好，其次是9～10月两个时期，因为这两个季节的温差变化不大，运输途中对种虫的影响不大，虫体损伤亦小。即一般以春季、秋季引种为宜，最好避开寒冷的冬季和炎热的夏季。引种时要看气候，如果是夏季引种的话要避免高温天气，温度不超过30℃为最好，以避免黄粉虫在运输途中产生高温。种虫饲养间的温湿度非常重要，如果控制不好的话老幼虫的死亡比例会很高，有条件的情况下温度应控制在28～32℃之间、湿度应保持在65％～75％之间最为理想。

6. 减少应激，搞好运输

为减轻环境、运输等方面的应激反应，最好在晚上运输，途中搞好防暑、防寒、防风等工作。远程运输中需添加饲料及饮水，可在饮水中加入自行配制的含食盐0.3％、白糖5％的水溶液，任其自由饮用，以减轻应激反应。

远程运输途中要适量饲喂。运输时间在7小时以内的，途中不必饲喂，只需要在运输前喂饱、吃好即可。运输时间超过7小时的应带些青绿饲料适量饲喂以防失水过多，同时应注意检查黄粉虫，发现异常情况应及时处理，运黄粉虫箱以暗箱为佳，以减少运输途中种黄粉虫因适应外界变化而引发应激反应。

7. 对引进种黄粉虫的合理饲喂

种黄粉虫运回养殖场所后，应进行一段时间的隔离暂养，待观察无病后，方可混群。同时注意：①因途中运输和环境变换，易引起黄粉虫种的应激反应，所以种到目的地后，不要急于喂料，先让其安静1～2小时，再用适量麦麸、食盐和红糖拌点开水喂，隔3～4小时左右再正常喂饲料，要做好饲料过渡，最好仍喂3～5天原来黄粉虫场同种或同类的精饲料，先精料后青料；以后逐步调整原饲料结构至新饲料结构，按时定量饲喂，以适应新的饲养环境，防止发病。②之后，按时定量饲喂，并逐渐调整饲料，防止因饲料配方突然变化而引起种黄粉虫消化道疾病。如果饲喂麸皮等粉状饲料时，一定要用少量水分较多的菜类、萝卜类饲料拌和后饲喂，一方面可减少浪费，另一方面可避免纯干粉料喂。③由于引种搬迁、环境变

换、饲料配方改变等均可不同程度地引起种黄粉虫的应激反应，降低对环境的适应能力和抗病能力，因此，应根据不同情况，及早采取防病治病措施。如在饲料中适当拌喂多维素和B族维生素，以增强种黄粉虫抗应激能力，幼虫每千克体重维生素日用量3～5毫克为宜。

做好运输，减少应激，宜选择运输车辆大小适中，并经过严格的清洗消毒，车上应垫上锯末或沙土等防止缓冲抗击的垫料，防止黄粉虫箱体在运输中颠簸碰撞破烂，并在装车时要注意箱体的固定。在运输途中尽量做到匀速行驶，减少紧急刹车造成的应激。冬天和夏天都是黄粉虫的致命季节，但只要注意技术，也能轻松渡过，有条件的用空调养殖就不存在这些问题了，靠自然温度养殖须掌握一定的技术。冬天寒冷，虫子死亡率高。

第二节　黄粉虫的繁殖

1. 黄粉虫雌雄鉴别方法

黄粉虫至成虫期才具有生殖能力。黄粉虫的雌雄鉴别一般是通过蛹来实现的。黄粉虫蛹的腹部末端有一对较尖的尾刺，呈“八”字形，末节腹面有一对乳状突，雌蛹乳状突粗大明显，突的末端较尖并向左右分开，呈“八”字形；雄蛹的乳状突短小微露，末端钝圆，不弯曲，基部合并（图4-1）。通过用腹部末节鉴别黄粉虫性别是可行的，但有时虽然成虫期雌雄相对易辨认，但是不是很准确，雌性虫体一般大于雄性虫体，但外表基本一样。雌性成虫尾部很尖，产卵器下垂，伸出甲壳外面，所以，它隔着网筛将卵产到接卵纸上。

2. 黄粉虫交配繁殖

黄粉虫成虫的交配与产卵时间多数发生在夜间，而且成虫

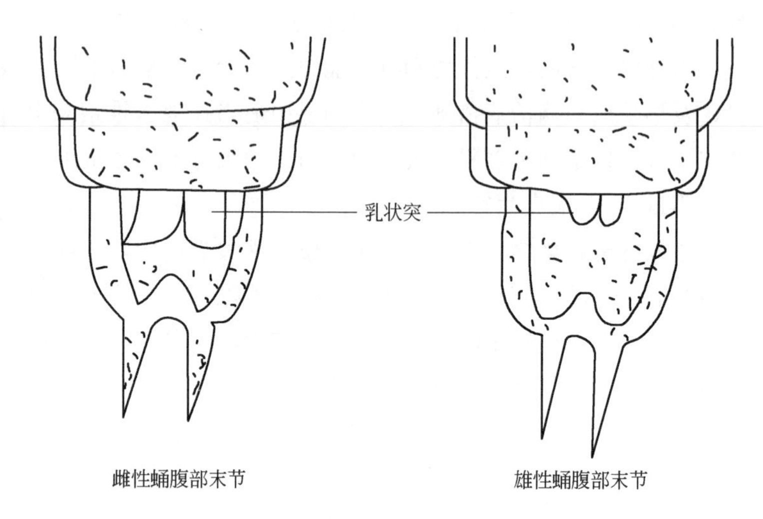

图 4-1　黄粉虫雌雄蛹腹部末节

交配时对环境的条件要求比较高，如果成虫在交配时突然遇见强光和噪声则会因受到惊吓而中断交配。所以成虫交配的环境应避免干扰。成虫交配期间对温湿度的要求相对来说也比幼虫的更高，一般正常的温度在 25～33℃之间。对湿度的要求应控制在 65％～75％。黄粉虫雄性成虫睾丸内含有若干精珠，雄虫一个生活周期可产生 10～30 个精珠（也叫卵巢小管），每只雄虫一生可交配多次，羽化后 3～4 天开始交配，交配时间多在晚上 8 时至凌晨 2 时。每次交配时，雄虫输给雌虫 1 颗精珠，每颗精珠内储存有近 100 个精子。雌虫在羽化后 15 天到达产卵盛期，此时一旦发生交配，雌虫将精珠存于储精囊内，每当卵子通过时，即排出 1 个或数个精子，结合成受精卵而排出体外。雌虫卵巢中也不断产生新的卵子，并不断地排卵，当雌虫体内精珠中的精子排完后又重新与雄虫交配，及时补充新的精珠。因此，雄虫比例不能过小，否则也会影响繁殖率。

3. 黄粉虫羽化产卵

黄粉虫羽化大约需要 7 天时间，但是如果温度或空气含水量不适宜，羽化时间会推迟，甚至死亡。在平均气温 20℃，平均空气相对湿度为 75%时，黄粉虫羽化率达 85%以上。羽化后 3～4 天即开始交配、产卵，产卵期长达两个月。黄粉虫从羽化后的第 15 天开始进入产卵盛期，盛期可持续 15 天，在产卵盛期，每对黄粉虫每天最多产卵 40 粒，如果条件适宜，每对黄粉虫一个生活周期可产卵 500 多粒，平均每天产卵 15 粒。产卵数的 70%集中在第 15 天至第 25 天之间，产卵数的 95%集中在第 10 天至第 30 天之间，黄粉虫产卵数呈正态分布。因此，成虫产卵 1 个月后，虽然存活，但其产卵能力显著下降，为节约饲料，提高经济效益，应该及时淘汰这些成虫。生产上为了保证可连续地获得稳定的卵量，就必须经常不断地补充成虫。产卵期平均 22～130 天，即产卵期平均四个月以上，但 80%以上的卵在 1 个月内产出。雌虫平均产卵量 260 粒。饲料质量影响产卵量，温度、湿度的变化亦间接影响成虫的产卵率。

成虫死亡的重要原因主要是自相残杀，尤其是鞘翅畸形未能全部覆盖腹部的成虫，最易受到其他个体的攻击，常被咬食仅剩下头、胸部和前翅，这时成虫尚可爬行，直至最后胸部被进一步取食才最终死亡。温度升高，自相残杀呈增强趋势。而在成虫的中后期，自相残杀就极少发现，这时成虫死亡后多存有完整的虫尸。

第三节　影响黄粉虫繁殖能力的因素

繁殖是黄粉虫发展的基础，而繁殖能力高低是衡量繁殖工

作好坏的重要标志。因此，黄粉虫的繁殖能力在黄粉虫养殖中占有极其重要的地位。目前，影响黄粉虫繁殖力的因素很多，如品种、营养、环境卫生以及疾病等。在实践工作中，我们必须引起重视，认真做好黄粉虫的选种、育种工作，搞好环境卫生，做好疾病防治工作，切实提高黄粉虫的繁殖能力。影响黄粉虫繁殖力的因素主要有以下几点。

1. 黄粉虫种因素

繁殖力受遗传的影响，黄粉虫种的好坏直接影响其繁殖。其结果可直接由不同品种群体和个体的繁殖力差异显示出来。提高繁殖力的措施就是认真做好黄粉虫的选种、配种工作，俗话说“好种出好苗”，一定要选择那些无退化现象、体质健壮、生长发育快、抗病力强、繁殖力高的黄粉虫作种虫用。有关怎样选择种黄粉虫，前面已经讲过，这里不再赘述。

2. 饲料营养因素

实践证明成虫只有在摄取足够的营养后才能正常产卵，在此基础上，添加少量的葡萄糖能使其产卵量增加，寿命延长。饲料营养因素对黄粉虫成虫的影响并未引起养殖户的重视，这将会对黄粉虫的繁殖性能及健康产生不利的影响，因此采取相应的对策十分必要。影响黄粉虫繁殖的饲料营养因素主要有以下几个方面。

（1）蛋白质水平　由于黄粉虫的精珠和卵中干物质的成分主要是蛋白质，因此，饲料中蛋白质不足或摄入蛋白质量不足时，可降低雄虫的交配和卵的质量。

（2）维生素的影响　饲料中维生素 E 对雄虫比较重要，虽然没有证据表明它能提高雄虫的生产性能，但能提高其免疫能力和减少应激，从而提高黄粉虫成虫的体质。

（3）青饲料的影响　坚持饲喂配合饲料的同时，保持合适

的青绿多汁饲料，可保持黄粉虫成虫良好的食欲和交配能力，一定程度上提高了卵的品质。

（4）饲料发生霉变　黄粉虫成虫采食了发霉的饲料后会引起严重的繁殖障碍，近年来成为一个主要的问题。常见的会发生霉变的饲料有谷物类饲料如玉米（玉米芯柱）、燕麦（燕麦镰孢菌）、高粱类、小麦等。

（5）饲料添加剂　用含不同稀土剂量的饲料喂养黄粉虫，发现在每千克饲料中添加100毫克氧化镧可使黄粉虫的一些重要生理指标发生明显的变化：在繁殖力方面，雌虫提前2天产卵，雌虫的产卵期缩短了5天，产卵量显著提高。实践证明：在繁殖组饲料中加入2%的蜂王浆，可使雌虫排卵量成倍增加。最好的组平均每雌排卵量达880粒，生产组平均每雌产卵量为610粒，而且幼虫抗病力强，成活率高，生长快。成虫产卵时需要补充营养，每天应有足够的饲料（麦麸及青饲料），最好每周投喂一次复合维生素，这样不仅产卵率高，孵化率也会上升，而且产出的虫子个体大，又肥又壮。

在实际生产中，黄粉虫在营养条件不良时雌虫不产卵、少产卵或产大比例的秕卵。秕卵的体积较小、坚硬，戳之无水流出，正常卵在合适的条件下孵化率基本达到100%，为准确统计产卵量与孵化率，应将秕卵和正常卵区别开来。

日粮中的营养水平是否适当对黄粉虫成虫的内分泌腺体激素合成和释放将产生影响。营养水平过高或过低对其繁殖也将产生不良影响。当日粮营养水平过高时，可使黄粉虫成虫体内脂肪沉积过多，造成营养功能下降，影响繁殖；能量过低，则可使成虫功能减退，出现吃卵现象。总之，营养水平过低或过高都将对种黄粉虫繁殖不利。实践证明以面粉饲喂的成虫寿命较长，达58天，平均每雌产卵414粒；而以大豆粉饲喂的寿命 46 天，平均每雌产卵 346 粒；但以面团饲喂的寿命不超过 40 天，平均每雌产卵 324 粒。黄粉虫成虫的饲料配方可以参考前述的推荐配方。

3. 环境因素

黄粉虫的繁殖机能与日照、气温、湿度、噪声、饲料成分的变异以及其他外界因素均有密切关系。如果环境条件突然改变，可使雌黄粉虫不排卵。雄黄粉虫在改变管理方法、变更交配环境或交配时有外界干扰等情况下，其交配质量会受到影响，甚至引起交配失败。

环境温度对黄粉虫的繁殖机能有比较明显的影响。实践证明，随着温度的升高，成虫的寿命也随着缩短，在 20℃，雌虫平均寿命为 65 天，最长为 97 天，雄虫平均寿命为 61 天，最长 92 天；而在 35℃时，雌雄成虫的平均寿命分别为 30 天和 27 天，最长寿命分别是 45 天和 40 天，20℃下成虫的平均寿命是 35℃的两倍多。黄粉虫产卵的最低临界温度为 15.0℃，随着温度的升高，黄粉虫产卵率的变化趋势为：黄粉虫成虫在 20～30℃时产卵较多，当温度达到 33～35℃，成虫产卵极少，平均产卵量仅为 5 粒/雌。研究发现在 23～27℃、相对湿度 60%～75%时，幼虫生长发育良好；蛹羽化为成虫的第 12～15 天，出现最大产卵量，平均产卵量达 207 粒。

对于防止夏季高温可采取以下措施：①如果是单独的黄粉虫饲养房舍，可在周围空闲地植树种草绿化，减少太阳辐射热，在房舍南侧种植丝瓜、葡萄等蔓藤类植物遮阴；②对于密闭式饲养房安装和开启风扇；③有条件的对种用价值较高的黄粉虫舍可安装空调。在冬季黄粉虫饲养房舍要用塑料布覆盖密封，并生火炉等，以提高舍温。

不同的光照时间对黄粉虫成虫的产卵量也有较大的影响。

成虫在自然光照条件下，产卵量多，但在连续光照条件下，成虫的繁殖力锐减。黄粉虫长期适应暗环境生活，成虫若遇强光照，会向黑暗处逃避。黄粉虫白天喜躲在阴暗潮湿的间隙或食料中，夜间则十分活跃。试用25瓦电灯泡24小时光照与加盖24小时黑暗饲养，以比较雌虫的产卵量，结果表明两者之间具有一定的差异。我们认为，粉虫属（*Tenebrio*）的属名来自拉丁语tenebri（“喜黑暗者”）一词是有道理的，黑暗有利于其隐蔽的生活，故可将成虫置于黑暗或弱光下饲养。

4. 黄粉虫成虫的年龄

黄粉虫成虫的年龄明显地影响其繁殖性能，黄粉虫成虫，随着年龄的增长，繁殖性能不断提高。黄粉虫成虫产卵的高峰一般在羽化后第2～30天，其后繁殖性能就逐渐下降。一般黄粉虫成虫到1个半月龄以上即应淘汰，除个别育种需要外，不宜再作种用。

第四节　黄粉虫的种虫培育

在黄粉虫养殖业中，品种对生产的效应影响巨大。由于长期人工饲养和近亲繁殖以及人工饲养中的其他因素，许多人工饲养中的黄粉虫种虫都出现品质差和品质退化的问题。因此，需通过对黄粉虫进行专门的选育和有性杂交工作，做好黄粉虫良种选育与培育，以扩大繁殖更多的优良品种。

一、黄粉虫的纯种选育

在黄粉虫生产中，品种效应同样十分重要。黄粉虫在经过百年的民间人工分散养殖过程中，不可避免地会存在一些品种退化问题，与种群内部数十代、甚至近百代地近亲交配以及人工饲养中的一些人为因素的影响有关，具体表现为幼虫生长缓慢，取食量不断下降，个体越来越小，抗病能力变差，蛹的质量下降、腐烂易坏，成虫的繁殖力降低，幼虫的孵化率、成活率不高等。所以有必要进行优良品种选育和品种复壮，以保证养殖黄粉虫的品质和质量。人工饲养应注意培育优良品种，在黄粉虫优良品种培育中有两种倾向，即一种是所谓纯种，一种是所谓杂交。

纯种选育就是不与其他品种杂交，在本品种内通过选种和繁育提高品种的经济性状和生产力，还可以作为培育高产黄粉虫、杂交和繁育新品种的材料。选育要在自己饲养的黄粉虫内进行，并要有一定数量的黄粉虫饲养量，一般一个品种不少于30～50盘同龄虫，每一盘作为一群，对黄粉虫交配实行控制。选种要以每盘虫为选择单位，具体来讲，包括三个互相联系的方面。

1. 黄粉虫的生产力

主要指黄粉虫的生长发育情况，一般衡量指标就是同样饲料的条件下黄粉虫幼虫增加的体长和体重。以老熟幼虫为准：幼虫体长应在33毫米以上，体重应在0.2克/条以上。

2. 生物学特性

产卵、化蛹性能，包括产卵量、化蛹率、整齐度、抗病力等。每代繁殖量在250倍以上为一等虫；每代繁殖量在150～250倍为二等虫，每代繁殖量为80～150倍为三等虫；每代繁殖量在80倍以下为不合格虫种。化蛹病残率小于5%，羽化病残率小于10%。

3. 形态鉴定

每种黄粉虫都具有一定的体型、体色、宽度等特征，通过这些特征鉴定可以区别出种的纯度。在形态上表现出其遗传的

稳定性，并常常可反映整个种群遗传的稳定性。

在实际操作过程中通常采用的方法为：选择优良品种从中幼虫期开始挑选，一般选择个体大、体壁光亮、行动快、食性强、食谱广的个体，没有受细菌污染，不带农药、禁用药品残留量，并且抗逆性强的虫体，即为优良种源。在饲养生产过程中还应不断进行细致的选种和专门的管理记录，并将优良品种的繁殖与一般品种的生产繁殖分开。优良品种的繁殖温度应保持在24～30℃之间，相对湿度应在60%～70%之间。有时候根据需要驯养种虫，使之具有良好的抗病体质。具体方法是挑选一定数量的青壮年幼虫，在以后的生长过程中停止喂药，并在自然温度下养殖，加强抗冻、抗病能力，增强体质。

选好种、留足种即是从长速快、肥壮的老熟幼虫箱中，选择刚羽化的健康、肥壮蛹，用勺（塑料勺最好）舀入捡蛹盒内。选蛹时不能用手捡，未蜕完皮的蛹不要捡，更不要用手拽使之蜕皮，以免伤蛹。不要将幼虫带入盛蛹盘内，刚蜕皮的幼虫和蛹一定要分清。捡蛹时不能用劲甩，以防蛹体受伤。选出的各个蛹种，在解剖镜下辨别雌雄，腹部末端具有乳头状凸起的为雌虫，否则为雄虫，记录数量，计算雌雄比例。选蛹要及时，最好每天选1～2次，以防蛹被幼虫咬伤。化蛹期间，箱内的饲料要充足，料温湿度不要过低或过高，否则不利于化蛹。盛蛹盘底要铺一层报纸，盛上蛹后再盖一层报纸。蛹在盘内不能挤压，放后不能翻动、撞击。挑蛹前要洗手，防止烟、酒、化妆品及各类农药损害蛹体。将蛹送入养殖盘中并做好标记。

当种蛹羽化为成虫时，这时可以在许多的成虫中挑选那些大而壮的，把它们单独放置在产卵盒中。收卵时做好标记以避免与其他的卵混淆，到幼虫分盒时也不要混了，因为选种范围就在这其中，从中再选择大的老幼虫作种。并且要年年进行选育，每次经这样提纯，虫子的品质就会越来越好。

二、黄粉虫的杂交繁育

1. 杂交繁育技术

以杂交方法培育优良品种或利用杂种优势称为杂交繁育，前者称为育种性杂交。后者称为经济性杂交。杂交繁育也叫杂交改良。

（1）育种性杂交　杂交可以使黄粉虫的遗传物质从一个群体转移到另一群体，是增加黄粉虫变异性的一个重要方法。不同类型的亲本进行杂交可以获得性状的重新组合，杂交后代中可能出现双亲优良性状的组合，甚至出现超亲代的优良性状，当然也可能出现双亲的劣势性状组合，或双亲所没有的劣势性状。育种过程就是要在杂交后代众多类型中选留符合育种目标的个体进一步培育，直至获得优良性状稳定的新品种。

① 改造性杂交。这是以性能优越的品种改造或提高性能较差的品种时常用的杂交方法。具体做法是：以优良黄粉虫品种（改良者）的雄（雌）成虫与低产黄粉虫品种（被改良者）的雌（雄）成虫交配，所产杂种一代雌成虫再与该优良黄粉虫品种雄成虫交配，产下的杂种二代雌成虫继续与该优良品种雄成虫交配；按此法可以得到杂种三代及四代以上的后代。当某代杂交黄粉虫表现最为理想时，便从该代起终止杂交，以后即可在杂交雌雄成虫间进行横交固定，直至育成新品种。

② 改良性杂交。这种杂交的目的只是克服种群的个别缺点，不根本改变原品种的生产方向及其他特征和特性。当某一品种具有基本上能够满足市场需要的多方面的优良性状，但还存在个别的较为显著的缺陷或在主要经济性状方面需要在短期

内得到提高，而这种缺陷又不易通过本品种选育加以纠正时，可利用另一品种的优点采用导入杂交的方式纠正其缺点，而使黄粉虫性能趋于理想。回交导入杂交的特点是在保持原有品种黄粉虫主要特征特性的基础上通过杂交克服其不足之处，进一步提高原有品种的质量而不是彻底改造。

③ 育成杂交。通过杂交来培育新品种的方法称为育成杂交，又叫创造性杂交。它是通过两个或两个以上的品种进行杂交，使后代同时结合几个品种的优良特性，以扩大变异的范围，显示出多品种的杂交优势，并且还能创造出亲本所不具备的新的有益性状，提高后代的生活力，增加体长、体重，改进外形缺点，提高生产性能，有时还可以改善引入品种不能适应当地特殊自然条件的生理特点等。

（2）经济性杂交　经济性杂交也叫生产性杂交，是采用不同品种间的雌雄成虫进行杂交，以提高后代经济性能的杂交方法。经济性杂交可以是生产性能较低的雌（雄）成虫与优良品种雄（雌）成虫杂交，也可以是两个生产性能都较高的雌雄虫之间的杂交。无论哪一种情况，其目的都是为了利用其杂交优势，提高后代的经济价值。

① 简单经济性杂交。此即两个品种之间的杂交，所产杂种一代全部用作商品黄粉虫，无论雌雄黄粉虫成虫均不留作繁殖种用。其目的在于利用杂种优势提高经济效益，利用此法以提高黄粉虫的生产性能，利用品种间的杂交组合所产生的杂交后代，其黄粉虫幼虫在体长、体重、适应性、抵抗力等方面均具有明显的杂种优势，生产性能一般比单一品种高15%左右。比饲养一般黄粉虫成本降低30%左右。

② 复杂经济性杂交。此即用三个或三个以上品种进行杂交，杂交后代亦全部用作商品黄粉虫，也不得留作种。如三品

种黄粉虫作经济性杂交时，甲品种与乙品种黄粉虫杂交后产生杂种一代，其雌（雄）成虫再与丙品种雄（雌）成虫杂交，所产生的杂种二代，黄粉虫幼虫全部作商品出售。

2. 黄粉虫、黑粉虫杂交繁育实践

在野外以及黄粉虫及黑粉虫混养的养虫箱中，发现了其杂交品种，即有大量的既黄又黑的幼虫出现。这种“杂交”品种生活力强，生长速度快。因此有可能以黄粉虫与黑粉虫杂交，产生新的杂交品种，以解决黄粉虫品种退化的问题。根据遗传互补原理，在亲本选配上挑选健康强壮的黄粉虫、黑粉虫优势个体，通过杂交后代得到互补。由于黄粉虫具有生长快、繁殖率高、蛋白质含量高等特点，而黑粉虫生长周期长、饲养成本高、营养成分比较全面，将黄粉虫与黑粉虫进行杂交育种，以期获得生长发育较快、繁殖系数高并且营养丰富的杂交后代。

经过试验观察，黄粉虫与黑粉虫的杂交后代表现出一定的性状分离。从外部形态上来观察，黄（♀）×黑（♂）的杂交后代中黄粉虫的比例偏大，虫口数量远远大于杂交后代虫口总量的一半；黑（♀）×黄（♂）的杂交后代中黑粉虫的比例偏大，虫口数量大于杂交后代虫口总量的一半。黄粉虫、黑粉虫杂交后代中分离类型多，既可建立像黄粉虫或像黑粉虫品系，也可建立像它们的中间型品系，从而选出优势种，有助于严格进行杂交后代选育。

杂交后代中黄粉虫的个体生长较快，个体较大，与正常个体差异显著，比较后代中不同表现型的个体，选出优势个体，及时留种，将这些变异个体的遗传性状逐步稳定下来。杂交后代的蛹个体较大，在幼虫期表现为黑粉虫的杂交种化蛹较早，蛹体较宽，而且成虫的性状表现介于黄粉虫与黑粉虫之间，鞘翅的颜色不是很黑，也不是褐色，亮泽适中。而且幼虫期表现

为黑粉虫的杂交个体在成虫期部分表现出接近于黄粉虫的特征。进一步的杂交试验还有待于继续研究。但是结果也显示，黄粉虫与黑粉虫杂交出现了杂交优势，可以作为经济性杂交予以利用，是否能够培育杂交新品种值得进一步探讨。

实践证明：黄粉虫品系间杂交，并不是所有的指标均是杂交结合具有优势。杂交1代在个体大小、繁殖率、抗逆性等方面表现极大的优势，而在油脂含量及耐低温的特性方面则不及亲本优良，有些杂交1代蛋白质含量也略低于亲本，可通过回交育种法，将亲本蛋白质含量的优良性状转移到杂交后代中，这将可能得到一个更理想的杂交组合。总之，根据黄粉虫不同的育种目标，要合理选择亲本。同时也发现，通过黄粉虫体色来确定品系是可行的，也就是说黄粉虫的体色与其主要的经济性状关系密切。

3. 杂交繁育中应注意的问题

根据我国多年来杂交改良的实际情况及存在问题，为进一步达到预期的改良效果，还需注意以下问题。

① 不同种群间的杂交效果差异很大，最后必须通过配合力测定（杂交后效果）才能确定，也就是说并不是不同种群间杂交就一定有优势。

② 对杂交黄粉虫的优劣评价要持以科学态度，特别应注意杂交黄粉虫的营养水平对其的影响。良种黄粉虫有时需要较高的日粮营养水平以及科学的饲养管理方法才能取得良好的改良效果。

第五章 黄粉虫的人工饲养管理技术

第一节 黄粉虫饲养管理的一般原则

一、饲养管理人员要求

养好动物饲养员是关键，必须培养专业技术人员，培养其主人翁的责任感。大量的生产实践表明，要养好黄粉虫，饲养管理人员非常重要。这是因为黄粉虫养殖是一项技术性工作，日常工作较繁杂，这就要求饲养管理人员热爱黄粉虫养殖事业，且对工作积极负责，才能做好这项工作。

首先要对黄粉虫饲养管理人员进行专业知识和管理技能的培训。通过培训，一能提高认识，树立信心；二是使管理人员熟悉黄粉虫饲养中的每一个环节所需要注意的有关问题，熟练掌握基本操作技术。饲养人员在日常应做好下列两项工作。

1. 认真观察

饲养管理人员应经常进行观察，要肯花工夫，细致认真，及时发现问题，及时采取有效措施进行解决。观察工作包括以下内容。

① 看黄粉虫的生活环境情况。比如温度、湿度、光照、通风等情况，如果有不适应应立即纠正。

② 看黄粉虫饮食情况。饲料的吃食情况，是否剩余，是否有变质饲料，粪便是否多了。

③ 看黄粉虫的健康状况。看体色是否正常，行动是否敏捷，进食是否正常，粪便是否正常。

2. 记录有关数据

黄粉虫的饲养工作具有长期性和连贯性，只有在饲养过程中不断吸取教训，总结经验，从中找出规律性的东西，才能使技术水平得到提高，从而再应用到黄粉虫饲养的实践中，使得黄粉虫养殖获得更好的效果和较好的效益。数据是总结的依据，它主要来源于饲养管理人员在饲养管理工作中的详细真实记录。饲养管理人员要养成做记录的习惯。常用的记录表见表 5-1。

表 5-1 黄粉虫常规记录表 日期：

内容＼时间		早上 8:00	中午 12:00	下午 5:00	晚上 11:00
温度					
湿度					
光照					
通风					
饲料	精饲料				
	青饲料				
噪声					
天敌					
活动情况					
死亡情况	数量				
	可能原因				
备注					

二、温度、湿度是黄粉虫饲养管理的根本

经验表明："黄粉虫冻不死却能热死"。养殖黄粉虫最根本的就是适宜的温度和湿度。温度在25～30℃、相对湿度在65%～85%，它们的生长才能正常。但在实际养殖过程中很难保持二者之间的均衡。

具体到生产，首先要把温度控制好，控制最适宜的温湿度条件，可以降低死亡率，增加繁殖率，而且也是加快黄粉虫生长发育过程，培育优质黄粉虫产品的有效途径。冬季大部分养殖户一般白天都能把温度升到20℃以上，但晚上却要降低至4～5℃。而黄粉虫在低于15℃时生长缓慢或冬眠。无论白天投喂多少饲料都不会生长，不会产生效益。所以，温度应保持恒定，不能忽高忽低，每天的温差最好控制在5℃以下。冬天采用煤等有烟燃料加温的，要注意排烟和通风，防止二氧化碳过多和一氧化碳中毒。夏天气温达到32℃以上的较高温度时，应注意及时通风降温。

湿度也是个不容忽视的问题，特别是在化蛾阶段。湿度过大过小均会造成蛹大面积的死亡。湿度过大，蛹就会腐烂；过小，蛹羽化不成。长江以北地区，四季湿度基本适宜，但在冬季湿度有过小现象，湿度过小的解决办法有：①在养殖房内洒水；②增加或缩短补充水分的次数或时间；③提高主要饲料含水量。长江以南地区湿度四季经常有偏大的现象，遇上连续阴雨天气，湿度会更大，解决的办法有：①在温度高时打开窗户通风，让空气对流；②温度低时，打开排气扇通风；③在养殖房里放置生石灰、木炭等吸收水分，这是比较经济而较好的办法，当然条件好的可以用除湿机。成虫产卵期间的温度要控制在25℃左右，湿度以85%左右最为适宜。卵、幼虫和蛹的发

育期温度以 28～30℃、相对湿度 80%左右为宜。

三、合理供食是黄粉虫饲养管理的前提

饲料的好坏直接影响黄粉虫的生长发育，甚至会造成黄粉虫的大面积死亡。因此凡打过农药的菜叶不能喂，掺有滑石粉的麦麸不能喂，精（主）饲料与青（副）饲料应搭配合理。投喂麦麸时，应跟着投喂青饲料，然后根据养殖房湿度大小，追喂青饲料。湿度过大时，4～5 天投喂 1 次青饲料，湿度过小时则隔日投喂 1 次即可。投喂青饲料要均匀，力争一次让所有的虫子都能吃上。若饲养盒里没有精（主）饲料而只剩下虫粪，最好不要投喂青饲料。

经验表明："黄粉虫饿不死能渴死"。黄粉虫耐饥力强，幼虫十多天不供食也不至于死亡。但为了速生快育，必须供给营养较丰富的饲料。饲养实践表明，饲以麦麸的幼虫发育速度明显快于饲以米糠的。在成虫补充饲料中添加青饲料、复合维生素或 25%葡萄糖液可大大提高产卵量并延长其寿命。在基本饲料麦麸或米糠的基础上，辅加青菜和杂草补充水分，也可以加速幼虫的生长发育。幼虫一般隔天饲喂一次，供食量以食光为度，以减少饲料的消耗，或因剩余造成霉变。

四、分群饲养

幼虫和成虫都会咬食蛹。把幼虫、蛹和成虫分开饲养可以减少这种损失。同时又因对各虫态发育所要求的环境条件不尽一致，对它们进行分群饲养便于发育期的各项管理以及后期虫和蛹的分离。卵的孵化以及幼虫、蛹、成虫的生长发育要分开进行或者是分开饲养，切不可混养。混养不便于按不同要求投喂食料，而且成虫在觅食过程中容易吃掉卵，幼虫容易吃掉

蛹。将生产群和留种群分开管理，保证留种群的优质管理，培养优良的黄粉虫种群。

第二节　黄粉虫不同季节的饲养管理

一、春季养殖黄粉虫

春季来临，我国大部分地区降雨量增大，空气湿润，白昼温度相差悬殊。而黄粉虫的养殖最关键的也就是温度和湿度。因此黄粉虫的养殖管理在春季是关键。要做好温度和湿度的控制，要保持温度在22℃以上，白天气温高时要开窗通风，夜晚要加温。温湿表放置的位置应合适，不要太高或太低，一般放在1米高的地方为宜。50平米以上的房子要放置两个温湿表，这样测出的温湿度比较准确。春季最易发生疾病，要注意搞好预防，常用的方法是进行消毒，“惊蛰”后至“春分”前可用石灰粉撒地面消毒。“清明”以后，蒲公英、苦菜、车前草等野菜开始萌生，采集野菜喂养黄粉虫，既可节省饲料、补充营养，又能预防疾病。“谷雨”过后，雨水明显增多，饲料容易发霉变质，适口性变差，要经常检查。

1. 成虫的管理

成虫期的管理在黄粉虫的整个养殖过程中是较容易的，它不需太多的技术含量，黄粉虫成虫在平时只要有充足的饲料就能正常生长和产卵。而在春季则由于湿度和昼夜温差，如果管理不好，会减少产卵率，甚至产出的卵成活率低。因此要注意以下几个方面的问题。

① 饲料不要太湿，要比夏季的稍干，以攥不成团为宜。

② 根据湿度的大小增减喂菜叶的次数。湿度大时一般喂菜叶的间隔期为 5 天左右，湿度小时一般喂菜叶的间隔期为 2 天。

③ 湿度过大时产的卵不能成活，容易霉变。在不能通风的情况下，提高温度，即会相应地减小湿度。

④ 产出的卵要放在加温炉旁（如用暖气、空调可免去这一步骤），但卵盘须放在架子的上五层。

2. 幼虫的管理

① 要减小饲养密度，饲料要干燥，经常翻晒。

② 霉变的饲料不能喂，菜叶饲喂要视湿度来定，间隔期和成虫一样。

③ 对死亡的幼虫要及时挑出，因春天死虫大部分是因为湿度过大造成的。

④ 白天气温高时要开窗通风。

⑤ 老龄幼虫更应注意干湿度的变化。

二、夏季养殖黄粉虫

俗话说冷在三九热在三伏，这是一年之中两个最尖端的季节温度。北方人都知道伏天炎热，对于黄粉虫来说也应该加强保护意识。盛夏到了，广大养殖户都应知道，夏季是个多雨季节，温湿度调控很关键，对于喜欢高温孵化的卵来说高温不会有影响反而有利于孵化，可是对蜕过四次皮以上的黄粉虫幼虫来说，对其生长发育很是不利，尤其是连续的高温天。连续阴雨天气也会造成黄粉虫的死亡率升高，养殖户在这个季节最为关心的是如何采取黄粉虫养殖和管理的一些方法来减少死亡、增产增量。鉴于此，特将我们在多年养殖经验下总结的一些方法和措施介绍如下，以供广大黄粉虫养殖者参考，希望能给养殖户减少损失。

1. 夏季温湿度的调控养殖

（1）幼虫　连续阴雨天气对于刚孵化出来的小幼虫还不会有太大的影响，但对于五龄以上的幼虫，不仅需要及时分盒减少密度，而且还要在饲喂上也有所改善，这时的幼虫成长速度开始加快，需要每天摄取大量的食物，从以前的一周加一次料的情况最好改成每天或隔天投喂，虽然增加劳动量但可以保证饲料的新鲜。对于留种后幼虫的生长发育以及繁育羽化也会减少影响，还可以避免湿度过大造成饲料发霉引起的幼虫死亡。

（2）蛹　夏季的高温和多湿可造成虫蛹的大量死亡，这时可将黄粉虫幼虫蜕的皮混于其中，减少蛹的厚度，保持空气流通，也可以减少死亡量。

（3）成虫　炎热的高温对成虫的产卵量也会造成影响，其产卵量会大量减少，直接造成经济损失。养殖户这时除应注意给成虫通风降温外，更要注意饲料的投喂。最好在保持每天投喂新鲜饲料的同时还要注意成虫的营养套餐（营养套餐可参照一些公司推荐的饲料配比方式，有经验的养殖户也可自行配置）。

2. 室内高温的几种降温措施

① 要控制好饲养室内的温度，首先饲养室最好前后都有窗户，要确保饲养室空气流通，也可采取电扇、排风扇经常通风。

② 可在室内摆放盛放清水的器具也有利于降温。有条件的养殖户可在室内安装空调，这样可以更好地调节室内温度。

③ 养殖户还可以使用黑色遮阳网遮盖在阳光直接照射的饲养室前后，这样也可起到很明显的降温作用。还可以在饲养室前后栽种南瓜以及一些藤架式的蔬菜，既起到遮蔽阳光以降

温还可以给虫子提供大量的营养蔬菜。

三、秋季养殖黄粉虫

经过炎热的夏天，秋季天气逐渐转凉，空气由潮湿逐渐变得干燥，饲料充足，环境适宜，黄粉虫生长发育快、成活率高，因此秋季是黄粉虫生长繁殖的黄金时段。但是也不能掉以轻心，仍要做好管理工作。秋天气温逐渐下降，在没有加温饲养的情况下，黄粉虫的活动减弱，生长减慢，产卵减少，但管理工作并不能因此而放松。秋季管理主要是使黄粉虫增强体质，为顺利越冬创造条件。越冬的准备工作，要注意以下几点。

1. 防寒保暖

进入秋季，明显的感觉是一天的温差特别大，天气变化不定。而黄粉虫对环境变化十分敏感，所以其饲养房内应尽量保持温度稳定，不可忽高忽低，黄粉虫饲养房应尽量坐北朝南，室内饲养要关好门窗以防止贼风侵袭。若是用塑料大棚饲养黄粉虫，应在塑料大棚加盖稻草或玉米秸，以提高温度。同时也要关紧门窗，糊严缝隙，封闭通风口，不使冷空气直接进入，使温度下降不至过快。

2. 增加营养

在越冬前 1 个多月中，要适当增加精料和蛋白质饲料，以增加黄粉虫的能量以及积累脂肪，增强其体质，便于更好地度过漫长的冬季。

3. 调节好湿度

这样可以增强黄粉虫的抗寒能力，有利于安全越冬。

但由于早晚温差大，造成黄粉虫机体产生应激反应，容易引起黄粉虫疾病发生，因此抓好种黄粉虫的饲养管理，对于增

加黄粉虫效益具有重要作用。

四、冬季养殖黄粉虫

冬季天气渐凉，黄粉虫养殖又到了一个新的阶段，这也是北方广大养殖户特别关心的问题，现就作者的冬季养殖经验向大家介绍，仅供参考。

1. 必须做好房屋的密封

冬季北方天气较冷，而且风大，房屋的密封非常重要。一般可采取钉塑料布的方法，有条件的也可打草帘用于封窗。门口必须用棉帘遮挡，防止人员出入频繁带走热气。如几间房屋为一栋时，应将几间房屋之间打通，封闭不用的门，各间之间应用棉帘遮挡。必要时可设二道门，以减少冷空气直接进入室内。

2. 加强取暖工作

取暖设施可用煤炉（一般的蜂窝煤炉烟气较小，且便于管理，应为首选），有条件的或取暖面积较大的可采取烧暖气统一供热。设置煤炉或暖气数量时，应按照成虫、蛹房温度应高一些，幼虫因自身虫体摩擦发热温度可适当低一些（可低 3～5℃）。特别应注意晚间取暖，否则白天热、晚上凉虫子不会正常生长，昼夜温度都应保持在 15℃以上，否则达不到虫子生长需要，相反会增加养殖成本。湿度可采取炉上烧水来解决。

3. 注意防止煤气中毒

防止煤气中毒的方法是在房屋的窗户前后均打开一个可透气的小孔，造成空气的对流，可有效防止煤气中毒，同时要密封炉具，安好烟囱，防止烟气倒灌。中午气温较高时可打开屋门进行短暂通风。

4. 饲料要保持一定温度

当天饲喂的饲料、菜叶应提前放到室内让其温度与室内温度接近，避免虫子食用过凉饲料，防止生病和低温造成虫体温度下降，影响正常生长。有条件的可适当增加玉米粉的投喂比例，增加热量。

5. 适当增加饲养密度

一般情况下一个标准饲养盘内饲养虫的质量为1.5～2.5千克，但到了冬季为了能降低升温成本我们可以将一个标准饲养盒内的养殖量增加到3～4千克。这样一来即使是升温设备产生的温度达不到所要求的程度，虫子自身产生的摩擦也能将饲养盒里的温度提升3～5℃甚至还要高点。只是工作人员要勤查多测，以免温度高过正常范围，造成不必要的损失。

总之，黄粉虫冬季喂养应根据其特点，加强管理，掌控好温度，确保降低成本、增加收入。

第三节　黄粉虫各虫态的管理

一、黄粉虫成虫管理技术

黄粉虫成虫称为黄粉甲，又名甲虫，由虫蛹羽化而来。因成虫与其他虫态不一样，长有覆盖全身的较硬的甲壳，所以称为黄粉甲。黄粉虫的成虫为雌雄异体，由蛹羽化而来，自然比例为1∶1。在良好饲养管理下，寿命可达5个多月，前1.5月为产卵高峰期。在生活繁殖期，成虫不停地摄食、排粪、交配、排精与产卵。因此，按照生产要求选好种、留足种，提供优良生活环境与营养，以保证多产卵，提高孵化率、成活率及生长发育速度，达到高产、降低成本的目的。因此，搞好种成虫的饲养管理是养好黄粉虫的关键。因成虫一般不作为种虫出售，选留种成虫主要是满足养殖户自我繁殖黄粉虫的需要。

一般蛹 7 天以后羽化为成虫，雌虫寿命稍长于雄虫。在体色从米黄色经棕色变成黑褐色的 4～5 天时间里，黄粉虫成虫基本不食，因此，要充分利用这段时间，将成虫引诱分裂，及时迁到产卵箱中饲养。

成虫的分拣方法为：在蛹的表面盖上一块湿布（最简便的是用一张报纸），绝大部分成虫爬在湿布和报纸下面，部分会爬在报纸上面，轻轻提起报纸对折，将成虫抖落在产卵箱中，由于同一批蛹羽化速度有差异，为防早羽化的成虫咬伤未羽化的蛹体，每天早晚要将盖蛹的湿布轻轻揭起，将爬附在湿布下面的成虫轻轻抖入产卵筛内。如此经 2～3 天操作，可收取 90%的健康羽化成虫，成虫很快被分拣出来。每个孵化箱放种成虫 0.5 千克，约 2000 只左右。

成虫最初为米黄色，其后浅棕色—咖啡色—黑色。此时应注意：①羽化的成虫应及时挑拣，否则成虫会咬伤蛹。②刚羽化的米黄色成虫不能与浅棕色、咖啡色、黑色成虫放一块，更不能相互交错放，最好同龄的成虫放在一起。因为颜色没有发黑的成虫并未达到性成熟，黑色成虫和其他颜色成虫羽化后的成虫强行交尾会导致其他颜色成虫死亡。另注意没有发黑的成虫交尾、产卵之后孵化的幼虫发病率高、死亡率高，不能作种虫用。③留种虫应在产卵高峰期能嗅到卵散发一种刺鼻的气味时，这种卵留作种虫最好。

成虫饲养的任务是为了使成虫产下大量的虫卵，繁殖更多的后代，扩大养殖种群。因此，饲养管理的重点应是保持成虫旺盛的生命力，以获得最大的产卵量。成虫羽化后 3～4 天开始交配产卵。成虫交配活动不分昼夜，一次交配需数小时，一

生中多次交配，多次产卵。每次 1 只雌虫可产卵 6～15 粒，每只雌虫一生可产卵 50～580 粒，成虫的寿命为 3～4 个月。羽化后 1～3 天，成虫外翅由白变黄渐变黑，活动性由弱变强，此期间可不投喂饲料。羽化后 4 天，成虫开始交配，逐渐进入繁殖高峰期，每天早晨投放适量全价颗粒饲料。成虫在生长期间不断进食不断产卵，所以每天要投料 1～2 次，将饲料撒到叶面上供其自由取食。精料使用前要消毒晒干备用，新鲜的麦麸可以直接使用。

羽化后的成虫在虫体体色变成黑褐色之前，就要转到成虫产卵箱饲养，并做好接卵工作。每个产卵箱养殖的成虫数因箱的大小而不同，一般按每平方米 0.9～1.2 千克的密度放养，即每平方米产卵箱大约是 2000～3500 头成虫。密度大固然能提高卵筛的利用效率和产卵板上卵的密度，但是能量消耗增加甚至同类相食，密度过大时造成成虫个体间的相互干扰，成虫争食、争生活活动空间，引起互相残杀，容易造成繁殖率下降；但密度过小时也会浪费空间和饲料，同一天时间内成虫的产卵量较少，增加管理上的困难，投放雌雄成虫的比例一般为 1∶1。在投放成虫前，在产卵箱上铺上一层干鲜桑叶或其他豆科植物的叶片，使成虫分散隐蔽在叶子下面，并保持较稳定的温度。然后再按照温度和湿度盖上白菜，如果温度高、湿度低时多盖一些，蔬菜主要是提供水分和增加维生素，随吃随加，不可过量，以免湿度过大菜叶腐烂，降低产卵量。张伟等发现成虫密度对成虫存活也有一定的影响。研究表明，密度小有利于成虫存活。密度还影响成虫产卵量。随着虫口数增加，产卵量也相应增加，并且呈正相关；但随着虫口数的增加，单体产卵量呈下降趋势，最佳饲养密度为每平方米 1 万头。可以认为，密度对黄粉虫的影响分成 2 个阶段，即孵化后生长 1 个月和幼虫生长1个月后的阶段性，在低龄时以高密度为宜，高龄时以较低密度为宜。

成虫产卵时多数钻到纸上或纸和网之间的底部，伸出产卵器穿过铁丝网孔，将卵产在纸上或纸与网之间的饲料中；这样可以防止出现成虫把卵吃掉的食卵现象。成虫在生长期间不断进食不断产卵，在成虫饲料质量差时，成虫取食浮在隔离表面的集卵饲料，因此，成虫的饲料要营养全面，口味要合适。在饲料配方上，要给予蛋白质含量较高的配方，且要经常变换饲料品种，做到营养丰富和全面，提高产卵量。刚羽化的成虫虫体较嫩，抵抗力差，不能吃水分多的青饲料，而且由于成虫的口器不如幼虫的口器坚硬有力，因此成虫最好用膨化饲料或较为疏松的复合饲料。成虫饲料应撒放在产卵网上供其自由取食，不能成堆或集中投放，否则雌虫会将卵产在饲料中，很快就会被成虫吃掉。

成虫的管理要点为：成虫是黄粉虫整个世代交替中的最后阶段，在生理上有真正意义的死亡，此期管理极为重要。管理的主要目的是尽量延长其生命和产卵期，提高产卵量。一般成虫寿命为90～160天，产卵期22～130天。每天能产卵1～15粒，一生产卵50～580粒，有时多达800粒甚至1000多粒。

产卵量的多少与饲料配方及管理方法有关。前已述及，要求蛋白质丰富，维生素、无机盐充足，可加喂些小干鱼（俗称猫鱼）和猪骨头。必要时还应加入蜂王浆，促进其性腺发育，延长成虫寿命，增加产卵量。若管理良好，饲料配方合理，可延长成虫寿命，产卵量也可增加至580粒/条以上。除直接选择专门培育的优质虫种外，在饲养过程中繁殖虫种也应经过选择和细致的管理。在饲料投喂量上，要量少勤投，一般至少每1天投喂1次，5～7天换一次饲料品种。

其次是提供适宜的温湿度。成虫期所需适宜温度为24～34℃，大气湿度55%～85%，若用粉料，饲料湿度10%～15%，并要减少投喂青饲料，若用颗粒料，则青饲料也要适量。实践证明，在此期间，若投喂青饲料太多，会降低其产卵量。在疾病预防上，要预防成虫出现干枯病或软腐病。

在时间管理上，需要在产卵筛上标注成虫入筛日期，以掌握其产卵时间和寿命的长短。蛹羽化为成虫后的一个月左右为产卵盛期。在此期间，成虫食量最大，每天不断进食和产卵，所以一定要加强营养和管理，延长其生命和产卵期，提高产卵量。在饲喂时，先在卵筛中均匀撒上麦麸团或面团，再撒上丁状马铃薯或其他菜茎，以提供水分和补充维生素，随吃随放，保持新鲜。两个月后，成虫由产卵盛期逐渐衰老死亡，剩余的雌虫产卵量也显著下降。三个月后，成虫完全失去产卵能力。一般种成虫产卵两个月后，为提高种虫箱及空间的利用率，并提高孵化率和成活率，不论其是否死亡，最好将全箱种虫淘汰，以新成虫取代，以免浪费饲料、人工和占用养殖用具。淘汰的成虫可作为饲料投喂给牛蛙、鸡等。

成虫在繁殖期内，因种种原因会死亡一部分。对自然死亡的成虫，因一般不会腐烂变质，所以不必挑出，让其他活成虫啃食而相互淘汰，这样不仅可弥补活成虫的营养，也节省了大量人工。但也要保持一定的成虫数。应随时补充成虫的数量，在产出的商品虫中挑选活动欢、个体大的虫补充成虫。但是若是死亡较多时，应该及时把成虫死虫挑拣出来，具体的操作方法如下所述。

① 取来收成虫的死虫箱打开，要用两个产卵箱（为与下面提到的产卵箱区别，这里特称产卵纱网箱）。

② 把一个产卵纱网箱扣在产卵箱上，手抓住两箱两端之

后翻转过来，大部分活动虫爬在产卵箱底部的纱网上，部分活动虫和死虫掉在纱网箱中。

③ 把另一个产卵纱网箱扣在这个纱网箱上，以上述②的操作方法反复两次，死虫很快挑出。

④ 把爬在产卵纱网箱上的活动虫刷到产卵箱里，这种方法省时又省力。

因成虫的卵混在饲料里，所以成虫的粪便如果不是太厚，一般不清理。如果发现粪便过多需要清理，可将筛下的粪便集中在一个盘内，这样还可以培养出一批虫。废弃的虫粪是鸡鸭的好饲料，可以拿来喂鸡鸭或作肥料。

成虫是黄粉虫四个世代中活动量最大、爬行最快的虫期，此期的防逃工作极为重要。据笔者观察，由于成虫的攀爬能力较强，绝大部分的饲养户未能彻底解决这个问题。总是有成虫不断逃出产卵筛外，侵入接卵盒中取食虫卵。为防止成虫外逃，饲养种成虫时要经常检查种虫箱，及时堵塞种虫箱孔及缝隙，保持胶带的完整与光滑，从而保持产卵筛内壁的光滑无缝，使成虫没有逃跑的机会。经过多年的驯化，大部分成虫应该已经没有腾飞的能力，但是还是有个别的成虫有这个能力，由于数量不是很多，所以很多养殖户不作处理。若是防逃，可以在饲养盘顶部用透气的塑料纱窗做成网罩盖子盖住。

二、黄粉虫卵管理技术

卵期管理的前期主要是集卵。成虫产卵时大部分钻到饲料与纱网之间的底部，伸出产卵器，穿过网丝孔，将卵产到网下的饲料中，人工饲养是利用它向下产卵的习性，用网将它和卵隔开，杜绝成虫食卵，因此，网上的饲料不可太厚，否则成虫也会将卵产到网上的饲料中。接卵的方法有以下几种。

1. 用养殖箱接卵

具体操作方法如下所述。

① 取来产卵箱打开，产卵箱由两个箱子组合而成，一个是产卵纱网箱，另一个是养殖木箱。

② 在养殖木箱底部铺上等大小报纸（其他纸也可以）。

③ 将产卵纱网箱套摞在木箱上放好。

④ 将细小饲料或麸皮倒在纱网箱内，用刷子把饲料、麸皮铺平，而且全部铺在产卵纱网箱下的养殖木箱报纸上，饲料、麸皮厚度以4毫米为宜。

⑤ 将成虫倒入产卵纱网箱内，这时成虫食用块状食料。补充水分时，把白菜、瓜果类切成条状放入，并留出合适空间，迫使成虫把卵产在纱网下的麸皮内，预防成虫食用或破坏卵。

⑥ 收卵时，提走产卵纱网箱，然后提起木箱底部报纸两端，把卵纸摆放在养殖箱内展平。1个养虫箱可放置5～6层卵纸。

2. 用接卵板接卵

在此方法中，成虫的接卵盒可以按常规方法制作，在接卵时所不同的是以硬质不变形的产卵板代替养殖箱进行接卵。产卵板一般用三合纤维板裁剪成，大小尺寸应略大于卵筛或基本相同。产卵板上垫一张同等大小的旧报纸，在产卵箱铁丝网与旧报纸间均匀撒满麸皮，在铁丝网上放些颗粒饵料和叶菜，这样才能使成虫把卵产在纸上而不至于产在饲料中。每个产卵种虫箱连同垫板、垫纸以图3-3的角度层垒1.5米左右高。在此方法中，可减少养虫盒的用量，减少器具，节约成本。但是要注意接卵板与养殖箱之间不要留空隙，以免板上的卵和饲料从缝隙中掉出来，所以选择的三合板要硬质而且不变形。因为黄粉虫雌虫产卵时将产卵器伸至网下约0.5厘米处。为了方便雌虫将卵产在幼虫饲料中，应该注意网上的成虫饲料不宜过多，网下要放0.8～1厘米厚的幼虫饲料。

每盒产卵盘放进1500只左右（750只雌，750只雄）成虫，成虫将均匀分布于产卵盘内，如前所述，成虫产卵时大部分钻到麦皮与纱网之间底部，穿过网孔，将卵产到网下麦皮中，人工饲养即是利用它向下产卵的习性，用网将它和卵隔开，杜绝成虫食卵。因此，网上的麦皮不可太厚，否则成虫也会将卵产到网上的麦皮中。成虫产下的卵通过筛网落于下垫的麦麸后，会发生食卵现象从而影响繁殖。成虫产卵盒一般放在养殖架上，如果架子不够用也可纵横叠起，保留适当空隙。

卵的收集主要根据饲养的成虫数量、成虫的产卵能力、环境的温湿度情况而定。一般情况下是2～3天收集一次，成虫在产卵高峰期且数量多、温湿度最适宜时，可以每天收集一次。收集时必须轻拿轻放，不能直接触动卵块饲料，次序是先换接卵纸，再添加饲料麦麸。同一天换下的产卵纸和板可按顺序水平重叠在一起放入养殖箱中标注日期，一般以叠放5～6层为宜，不可叠放过重以防压坏产卵纸或板上的卵粒，并在上面再覆盖一张报纸。每次更换的接卵纸或板要分别放在不同的卵盒中孵化，以免所出的幼虫大小不一，影响商品的质量与价格。

在冬季升温时，整个饲养室内上下的温度是不一致的，一般是上面温度高，下面温度低。因为虫卵在孵化时需要较高温度，在低温下不孵化。养殖户若没有专门的高温孵化室，为满足虫卵对温度的要求，可将卵盒放在铁架最上层孵化，而将成虫、蛹、幼虫放在中下层。实践证明，这种管理方法较为科学，因为虫卵在等待孵化时容易破碎，要禁止频繁移动（最好

不要移出卵盒），而虫卵也不需要投食喂养，放在高层较好。但为了便于管理，一定要在卵盒外用纸写上接卵日期，这样可及时观察虫卵孵化情况，做到心中有数。

在夏季多雨季节，因湿度大、温度低麦麸容易变质，导致虫卵霉烂坏死，有时甚至会出现大面积死亡，造成经济损失。另外在湿度大时，麦麸还容易滋生螨虫，噬咬虫卵。因此，在空气湿度大接卵时，最好直接用干麦麸铺底，不添加水分。而在干燥季节，可在饲料上盖一层菜叶。在夏季高温高湿季节时，为防止虫卵霉烂变质，可将虫卵放在温度稍低的支架低层或中层，还要搞好饲养室的通风透气。

虫卵一般为群集成团散于饲料中，卵壳较脆，极易破碎，卵面被黏液黏着饲料或粪沙等杂物包裹起来，起到保护作用。黄粉虫卵的孵化受温度、湿度的影响很大，温度升高，卵期缩短；温度降低，卵期延长。在温度低于15℃时卵很少孵化。在温度为25～32℃、湿度为65%～75%、麦麸湿度15%左右时，7～10天就能孵化出幼虫。放置卵箱的房间，温度最好保持在25～32℃之间，以保证卵能较快孵化和达到高的孵化率。刚产出的虫卵为米白晶莹色，椭圆形，一面略扁平，有光泽，将要孵化时逐渐变为黄白色，长约1.5毫米，宽约0.6～0.8毫米，肉眼一般难以观察，需用放大镜才可以清楚地看到。刚孵化的幼虫白色，十分细小，虫体较软，尽量不要用手搅动，以免小幼虫受到伤害。也可以用鸡毛翎拨动一下饲料和麦麸，发现饲料和麦麸在动，说明有幼虫了。

三、黄粉虫幼虫管理技术

黄粉虫的四个虫态，有三个虫态如成虫、蛹及卵在世代变化中，除了体色有变化外，个体大小是基本不变的。只有幼虫需从小长大，按一般昆虫学命名法称为幼虫。幼虫是黄粉虫一生最重要的时期，也是整个世代中时间最长和用途最多的虫期，养殖黄粉虫的主要目的是获得具有商品意义的幼虫。因此，延长其寿命、防止提前化蛹和提高商品质量是研究幼虫的重要课题。幼虫刚孵出时，长约0.5～0.6毫米，呈晶莹乳白色，可爬行，1天后体色变黄。口器扁平，能啃食较硬食物。幼虫与其他虫态不一样，有蜕皮特性，一生要蜕皮十多次，关于幼虫的分龄，目前还没有统一的说法，一般认为13～18龄。其生长发育是经蜕皮进行的，约1个星期蜕1次皮。

幼虫的生长速度和幼虫期的长短主要取决于温度、湿度和饲料三要素。在温湿度适宜的情况下，幼虫蜕皮顺利，很少有死亡现象。刚孵出的幼虫为1龄虫，蜕第1次皮后变为2龄幼虫。刚蜕皮的幼虫全身为乳白色，随后逐渐变黄。经60天7次蜕皮后，变为老熟幼虫。老熟幼虫长20～30毫米，接着就开始变蛹。其生长期为80～130天，在温度24～35℃，空气相对湿度55%～75%，投喂粮食与蔬菜情况下，幼虫期大约120天左右。

为便于饲养管理，通常根据幼虫的发育时期和体长将黄粉虫幼虫划分为三个阶段：0～1月龄、身体长约0.2～0.5厘米的幼虫称为小幼虫，1～2月龄、身体长0.6～2厘米的幼虫称中幼虫或青幼虫，2～4月龄、身体长2.9～3.5厘米幼虫称为大幼虫。化蛹前的幼虫也称为老熟幼虫。黄粉虫幼虫的管理主要有以下几个方面的内容。

1. 防止幼虫自相残杀

因幼虫有大吃小与强吃弱互相残食特性，不能大小混养，否则会越养越少。可将基本同龄的幼虫放在一起饲养，便于饲喂、销售、评级。在投食上，更需要分开喂养。如旺盛幼虫需

要全面营养，老幼虫则不需要。刚孵化的小幼虫需要精饲料，而作为商品的中幼虫则可投喂较粗的饲料。为避免幼虫发生互残现象，平时一定要保持充足食料和适宜密度。

2. 合理的饲养密度

黄粉虫幼虫喜欢群居，在幼虫孵化后生长1个月这段时间内，高密度的幼虫比低密度的幼虫的体重增长快一些，当幼虫长到1个月后，它们的增长速度没有太大区别。实践证明，密度大，幼虫发育历期变长，饲养密度过大和过小，都会影响幼虫的活动和取食，而且密度过大时，幼虫互相摩擦易造成群体内部的温度急剧升高，管理上稍有疏忽便会出现大量的死亡，过小幼虫生长减慢。所以，保持适宜的饲养密度非常重要。

当然，对多大的密度才是拥挤密度，才会对黄粉虫幼虫生长带来负面的影响还没有明确的定论。我们确定幼虫密度的标准有2种：①幼虫的最适生长密度取决于每虫所能分摊到的饲料量，幼虫的最大密度定在20头/克饲料，或者应维持饲料与虫体比重不小于8；②以饲养面积来确定幼虫饲养密度，8～13龄以上幼虫密度以10头/(厘米)^2、厚度2厘米为宜，实践证明3龄后幼虫密度为0.5头/(厘米)^{2}时的增长速度最快且发育历期缩短。因此，幼虫的饲养密度应保持适当的水平，过高或过低均不利于幼虫的生长发育，一般每个饲养盘养殖幼虫1～2千克。但是，黄粉虫高龄幼虫成活率随密度增高而下降，因而在高龄幼虫期间应降低幼虫的密度。

3. 幼虫的日常管理

在幼虫的养殖过程中，掌握好养殖技术和管理措施十分重要，它关系到幼虫生长的速度、虫体质量、经济效益等问题。在日常管理中要注意以下事项。

(1) 注意分养　基本同龄的幼虫应在一起饲养，便于饲喂、销售、评级，幼虫每蜕一次皮，就要及时更换饲料，及时筛粪，添加新饲料。

(2) 注意独养　有的幼虫生长到5龄以后就开始变蛹，应将蛹及时从饲养箱中拣出，防止被其他幼虫咬伤。

(3) 注意厚度　在夏季，饲养箱中幼虫的厚度不能超过3厘米，以免发热造成死亡。

(4) 注意清洁　饲养箱应经常保持清洁，要及时清除死去的幼虫，除去幼虫的蜕皮和粪便。清理的方法是：在准备清理的前三天不要向饲养箱内投放饲料，尽量让其将原来的食料吃净。然后用不同规格的筛子清理虫粪和分离虫子。清理的频率一般是5～10天清理一次，具体应根据幼虫的数量、大小以及季节等调整。在筛粪时注意尽可能轻筛，以避免把虫筛伤，并检查筛出的粪便是否有较小的幼虫。若粪中间还有幼虫，就用小规格的筛再筛一遍，或把虫粪放到一个饲养盘内养一段时间再筛一遍。

(5) 注意管理　随不同季节气温的变化，管理方法也不相同，如天气温度高，幼虫生长旺盛，要有充足水分，必须多喂含水分多的青饲料，同时要注意通风降温。冬季需要减少喂青饲料，要防寒保温。若鼠患多时，养虫木盒要有盖子，以防鼠咬。

(6) 注意防病　夏天高温多雨季节，要注意防治螨虫与黑腐病；冬季燃煤升温湿度低，要注意防治干枯病；投喂青饲料时要筛净虫粪，预防发生黑头病。

(7) 用麦麸作主料　据养殖试验表明，用麦麸作主料养殖幼虫，料肉比一般为3∶1，即3千克麸皮养1千克幼虫。如果在养殖过程中不能达到这个标准，就应及时检查饲养过程中

有哪些做得不好的地方，及时改进，提高效益。

4. 黄粉虫幼虫的夏季管理

夏季养殖幼虫的适宜密度为：在夏季高温季节，为避免幼虫互相摩擦起热，饲养箱中幼虫的厚度以2厘米左右为宜。因不同季节管理方法也不同，如夏季温度高，幼虫生长旺盛，虫体内需要足够的水分，须多加含水分多的青饲料，冬季，虫体含水量小，要减少青饲料。

在理论上来说，幼虫生长最快的温度是33～35℃。但此温度是否适宜也是相对的。在夏季，若是喂养密度过高，即使温度不超过35℃，由于虫子活动彼此摩擦生热，往往会升到很高的温度。当超过40℃时，就会发生死亡现象。因此，在夏季一定要注意养殖密度不要太高。要经常将手或温度计插入养虫箱中进行测试，一旦有烫手感觉，马上要采取减低密度、通风换气的方法进行降温。要经常用手翻动幼虫，帮助散热。

夏季连续阴雨季节是幼虫生长中的危险时期。若饲养室空气湿度超过85%以上，或投料湿度太大（含水量超过18%）或大量投喂青饲料，易导致幼虫发生软腐病而死亡。

5. 幼虫黑死虫的挑拣

黄粉虫幼虫由于患病等原因，会出现一些黑死虫，这些虫要及时挑拣出来，以防传染其他黄粉虫，挑拣的方法如下所述。

(1) 微风分拣法　将养虫箱放在微风处，黄粉虫喜好聚集生活，根据这一特点，幼虫常群聚活动，黑死虫被自然选出。操作时右手拿刷子，左手拿胶片，将黑死虫刷在胶片上移出。

(2) 灯泡分拣法　幼虫箱上方吊一个灯泡，将幼虫放在灯泡正下方。因幼虫惧怕光和热，会自动散离四周，灯泡近处剩下黑死虫。

（3）虫粪分拣法　把幼虫放在虫粪上，再将虫箱摆放在强光下，活动虫迅速钻入虫粪，死虫在虫粪表面。

6. 黄粉虫小幼虫的管理

黄粉虫卵孵化时，小幼虫头部先钻出卵壳，刚孵出时，体长约2毫米。它啃食部分卵壳后爬出卵外并爬至孵化箱饲料内，以原来铺的饲料为食。此时应去掉接卵纸，将麦麸连同小幼虫抖入养殖木箱内饲养。用放大镜就可以清楚地观察到，成堆的幼虫比较活跃，吃得猛，生长也显得快，因此同一批小幼虫可多一些放在同一个箱内饲养。长到4～5毫米时，体色变淡黄，停食1～2天便进行第1次蜕皮。蜕皮后呈米白色，约2天又变淡黄色。一般每7天左右蜕皮1次。1个多月内经5次蜕皮后，逐渐长大成为中幼虫，体长0.6～2厘米，体重约为0.03～0.06克。小幼虫因身体小，体重增长慢，耗料也少。

将幼虫留在养殖箱中饲养。有卵粒的产卵板在适宜温度放置6天左右待卵将要孵出幼虫时，把产卵板上的幼虫连同麦麸一起轻轻刮下，盛放于养殖箱中进行正常饲养。3龄前一般不需要添加混合饲料，原来的饲料已够食用。小幼虫耗料虽少，但孵出后还是应注意原来的饲料是否供给足够，如果不够要及时添加，否则小幼虫会啃食卵和刚孵出的幼虫。该期间饲养管理较简单，主要是控制料温至24～30℃，最适料温为27～32℃，空气相对湿度为60%～70%，经常在麦麸表皮撒布少量菜碎片，也可适量均匀喷雾在饲料麦麸表面，将厚约1厘米表层麦麸拌匀，使其含水量达17%左右。当麦麸吃完，均变为微球形虫粪时，可适当再撒一些麦麸。当到达1月龄成为中幼虫时可用60目筛网过筛，筛除虫粪后将剩下的中幼虫进行分箱饲养。

饲料在加工时，可先将各种饲料及添加剂混合并搅拌均

匀，然后加入10%的清水（复合维生素可加入水中搅匀），拌匀后再晾干备用。对于淀粉含量较多的饲料，可先用65%的开水将其烫拌后再与其他饲料拌匀，晾干后备用，但维生素一定不能用开水烫。饲料加工后含水量一般不能过大。此期要加强管理，创造较高的经济效益。管理方法如下所述。

① 当肉眼能看清幼虫体型时，要进行加温、增湿，促使其生长发育。升温可采取加大密度方法。增湿是定时（每天数次）向饲养箱喷雾洒水，但量要小，不能出现明水，在饲料中加大水分也能增湿。

② 给幼虫补充投喂营养丰富的饲料，并给予适量青饲料。

③ 大小幼虫分开饲养，以免发生互残现象。

在室温不高时，小幼虫出现死亡主要是因养虫箱内小幼虫数量太多，因虫子运动常使料温高于室内空气温度。有的养殖户不了解这点，当室温控制在32℃时，料温却超过35℃，造成小幼虫环境温度过高而抑制生长发育，甚至造成大批幼虫死亡。因此，温度控制必须以料温为准，以防止小幼虫出现高温致死现象。

7. 黄粉虫中幼虫的管理

黄粉虫中幼虫是幼虫生长发育加快，耗料与排粪增多的阶段。经过1个多月的饲养管理，中幼虫经第5～8次蜕皮，到2月龄时成为大幼虫，体长可达2厘米以上，个体重约0.07～0.15克，其体长、体宽、体重均比中幼虫增加1倍以上。平时在饲养管理上应做到以下几点。

① 虫群内温度控制在24～32℃，空气湿度为55%～75%，饲养室内黑暗或有散弱光照即可。

② 适量投料：每天晚上投喂麦麸、叶菜类碎片1次，投喂量为中幼虫体重的10%左右，但也要视虫子的健康和温湿

度条件等灵活掌握。喂养青饲料要根据气温而定，气温高多喂，气温低少喂。投喂时间一般在傍晚，因晚上活动强烈，是觅食的最佳时间。

③ 实践证明，每 2～4 天左右用 40 目筛子筛除虫粪 1 次最合理，然后投喂饲料。

④ 中幼虫长成大幼虫后，要进行分箱饲养。

8. 黄粉虫大幼虫的管理

大幼虫摄食多，生长发育快，排粪也多。饲养厚度宜在 1.5 厘米左右，一般不得厚于 2 厘米。当蜕皮大约第 13～15 次后即成为老熟幼虫，摄食渐少，不久则化为蛹。当老熟幼虫体长达到 22～32 毫米时，体重即达最大值（0.13～0.24 克）。这时的老熟幼虫是用于商品虫的最佳时期。

大幼虫日耗饲料约为自身体重的 20%左右，日增重约 3%～5%，投喂麦麸等饲料与鲜菜可各占一半。因此，在大规模饲养大幼虫期间，应该大量供应饲料及叶菜类，及时清除虫粪。此期饲养管理的要求如下所述。

① 控制料温在 24～32℃，空气湿度 55%～75%。

② 根据大幼虫实际摄食量，充分供给麦麸及叶菜类碎片，基本做到当日投料、当日吃完，粪化率达 90%以上。

③ 实践证明，每 3～5 天用 20 目筛子筛粪 1 次最合理，不能筛得过频或过少。筛粪的同时用风扇吹去蜕皮。

④ 大幼虫喜摄食叶菜类。这类青饲料含水较多，但投喂量不能过多且要求新鲜，否则可能导致虫箱过湿而使虫沾水死亡，或者染病而死。

⑤ 当出现部分老熟幼虫逐渐变蛹时，应及时挑出留种，避免幼虫啃食蛹体。

⑥ 防止大幼虫外逃或天敌入箱为害；预防大幼虫发生农

药或煤气中毒。

⑦ 黄粉虫生长到化蛹前的预蛹时期，对水分的需求有一个骤然下降的过程，此时应及时控制饲料的水分以及青饲料的供给，同时也要注意在较高湿度条件下的防病。

9. 选择幼虫作种虫

选择优质黄粉虫良种是提高成活率、孵化率、化蛹率、羽化率和产卵量以及延长产卵期、促进高产、缩短繁殖周期、降低饲料消耗的关键和基础。

经过细心挑选和饲养的各期虫，都可以作种虫繁殖，但以成龄幼虫作种虫为较好。优良的种幼虫生活能力强，不挑食，生长快，个体大，产卵多，饲料利用率高。在初次选择虫种时，最好向有国家科技部门或农业部门授权育种的单位购买。以后可自行培育虫种，每养4～5代更换1次虫种。选择种幼虫应注意以下几点。

① 个体大，每千克重量为3500～4000条。

② 生活能力强。

③ 形体健壮，大幼虫体长在25毫米或30毫米以上。

④ 营养全面。要求从幼龄开始精心饲养管理，不断增加饲料和瓜、菜等，减少喂养密度，从而饲养出肥大健壮、生活力强的良种。

幼虫饲养前，要先在饲养箱、盆等器具内放入纱网筛过的麸皮和其他饲料，再将黄粉虫放入，幼虫密度以布满容器为宜。最后在上面放入菜叶，让虫子生活在麸皮、菜叶之间，任其自由采食。每隔一星期左右，换上新饲料。当幼虫长到20毫米时，便可饲喂动物。一般幼虫长到30毫米时，颜色由黄褐变淡，且食量减少，这是老熟幼虫的后期，会很快进入化蛹阶段。

四、黄粉虫蛹管理技术

蛹由老熟幼虫变化而来。当幼虫长到60～80天后，老熟幼虫爬到饲料表层蜕皮化蛹。一般裸露于饲料表面。黄粉虫蛹的发育历期明显受光照和温度的影响。随着温度的上升，黄粉虫蛹发育历期缩短。在完全黑暗条件下，黄粉虫蛹发育历期延长。光照和温度对黄粉虫的羽化率没有影响。一定的弱光条件、变温环境和适宜的空气湿度能缩短黄粉虫蛹发育历期，促使羽化时间提前。

选留种成虫要从幼虫开始。从老熟幼虫中选择刚化出的健康肥壮蛹，用手轻捡轻放入孵化箱。选蛹时切勿用力捏，以防捏伤。选蛹要及时，应在化蛹后8小时内选出，以防被幼虫咬伤。每个孵化箱可选放虫蛹1～2千克，约在0.5平方米的箱内选放5000～10000只，均匀平铺在箱底麦麸上，切勿堆积成厚层，不能挤压，放后不要翻动、撞击。上盖湿布预防发生干枯病，还要防止各种化学品（如烟、酒、化妆品、药剂等）接触损害蛹体。将蛹箱送入种虫室后，温度控制在25～30℃、空气湿度在65%～75%，大约7～10天将有90%以上的蛹羽化为成虫。

蛹期是黄粉虫的危险期，也是生命力最弱的时期，因为身体娇嫩，不食不动，缺乏保护自己的能力，很容易被幼虫或成虫咬伤。只要蛹的身体被咬开一个极小的伤口，就会死亡或羽化出畸形成虫，不能产卵。因此，绝对不能将蛹与成虫或幼虫混养在一起。目前有手工挑捡、过筛选出、食物引诱、黑布集中、明暗分离等方法。

1. 手工挑捡

此法适宜分离少量的蛹。优点是简便易行，缺点是费时费

工，还会因蛹太小，人在挑捡时稍微用力即会将蛹捏伤而死。只有经验丰富手感好的养殖户才可避免出现此弊端。所以，不是很熟练的养殖户，可以用勺（塑料的最好）将蛹舀入捡蛹盘内，注意不要将幼虫一起舀入盘中。挑拣办法为：首先筛出黄粉虫虫粪，取一个空养虫箱，均匀地撒上一层麸皮；其次，将老熟黄粉虫（种虫）倒在麸皮上，不要用手搅动种虫，让它自由分散活动，然后向箱内撒上零散的青菜。拣蛹时，勿用手在箱内来回搅动，轻轻拣去集中于饲料表层上的蛹，避免对蛹的伤害。

2. 过筛选出

因幼虫身体细长，蛹身体胖宽，放入5目左右的筛网轻微摇晃，幼虫就会漏出而分离。此法适宜饲养规模较大时使用。

3. 食物引诱

利用虫动蛹不动的特点，在养虫盒中放一些较大片的菜叶，成虫便会迅速爬到菜叶上取食，把菜叶取出即可分离。

4. 黑布集虫

用一块浸湿的黑市盖在成虫与蛹上面，成虫大部分会爬到黑布上，取出黑布即可分离成虫和蛹。有时也可用报纸等来代替黑布。

5. 明暗分离

利用黄粉虫畏光特点，将活动的幼虫（或成虫）与不动的蛹放在阳光下，用报纸覆盖住半边虫盒，幼虫马上会爬向暗处而分离。也可利用虫动蛹不动的特性，把幼虫与蛹同时放入摊有较厚虫粪的木盒内，用强光（或阳光）照射，幼虫会迅速钻入虫粪中，蛹不能动则都在虫粪表面，然后用扫帚或毛刷将蛹轻扫入簸箕中即可分离。

上述方法也可用于死虫及活虫的分离。育种用蛹应该进行手工挑选，挑选个体大、色泽均一的蛹单独放好，分箱放置并做好标记。选蛹要及时，最好每天选 1～2 次，预防蛹被幼虫咬伤。

将分离出来的蛹平铺放置在空的养虫箱内，将化蛹时间相差不到 5 天的蛹集中存放，可减经分离成虫的劳动量。因蛹皮薄易损，在盒中放置时不可太厚，以平铺 1～2 层为宜，若太厚或积聚成堆就会引起窒息死亡。另外在盒中还要铺上厚约 1 厘米的麦麸。因麦麸比较柔软，既能保护蛹不被损伤，又能为蛹羽化为成虫后提供饲料，减少噬咬其他蛹的机会。

在蛹的整个羽化过程中不要翻动或挤压蛹体。蛹在羽化时对温湿度要求较为严格。若温湿度不合适，可以造成蛹期过长或过短，增加感染疾病和死亡的可能性。蛹在羽化时所需适宜温度为 25～30℃，空气湿度为 50%～70%，饲料湿度为 15% 左右。若空气或饲料湿度过大，蛹的背裂线不易开口，成虫会死在蛹壳内；若空气太干燥，也会导致蛹不羽化或体能代谢消耗水分而逐渐枯死。除了夏季多雨季节外，蛹死亡的原因多为干枯病所致。因此，一定要做好蛹的保湿工作。

黄粉虫蛹期虽然不吃不动，但仍在呼吸和消耗体内水分，故仍需置于通风干燥处，不能放在封闭的容器里，而且要在保湿的环境中，但是不能封闭和过湿，以免蛹腐烂成黄黑色。若在南方炎炎夏季，蛹皮更容易干枯而患干枯病而死。因此，平时除了将蛹置于湿润的环境外，还可采取以下两种保湿方法。

① 喷水保湿。若饲养室内湿度太低，可将蛹适当翻动，用水壶喷洒少量雾状水滴，以保持蛹皮湿润，降低枯死病。

② 盖布保湿。将薄棉布浸湿后拧干，盖在虫蛹上能有效地保湿，1～2 天后待布干了进行更换。实践证明这是一个简便有效的保湿方法，能显著减少虫蛹枯死。采取这种方法的注

意事项是布不要太厚，水分一定要拧干，否则会因不透气导致蛹窒息死亡。

一般在25～32℃的条件下，经6～8天90%的蛹羽化为成虫。因羽化时间先后不一致，化蛹不及时挑出易被幼虫咬食死亡，先羽化的成虫会咬食未羽化的蛹，需要每天把爬附在盖布（或报纸）上刚羽化的成虫抖入另一铺报纸的筛盘中，尽快进行蛹虫分离。挑出的成虫，最好每2天的放入一盘，使其同步发育繁殖，方便管理。

第六章 搞好黄粉虫的病虫害防治

第一节 黄粉虫疾病病因和预防

一、黄粉虫疾病病因

黄粉虫虽小，但生起病来五花八门，这是因为黄粉虫一生多变，不仅有卵、幼虫、蛹和成虫的虫态改变，还有食性、生活环境的改变，这么多的环节难免会遇到不测。

黄粉虫在生命活动过程中，如果出现发育迟缓、体躯瘦小等生长发育异常以及蜕皮、生殖、排泄、取食等行为异常，或是体色和形体的异常改变，特别是虫体出现特殊异味或不能正常进入下一个虫期（如幼虫由幼龄到大龄）或下一个虫态（如由幼虫到蛹或到成虫）等症状，即可断定它已生有疾病。

欲知病原要分析病因。诱发黄粉虫疾病的病因是多种多样的，大致有三种：①环境条件的不适宜或突然改变。如缺少食物而饥饿、高温酷暑、冰霜雪冻等；或受到农药等化学物质的毒害等部分残存下来的个体。②本身生理遗传或代谢的缺陷。如遗传性肿瘤、不育基因的突变、内分泌失调等而产生的一系列病害；此外，还有受到机械损伤等。③这是最重要也是最多

的诱因，即由病原微生物侵染所引起的疾病。

由病原菌导致的黄粉虫疾病，最为常见的有：真菌病，虫体发育缓慢，体色有明显异常，虫尸僵硬但无臭味，常见虫尸表面“发霉”。如果虫尸僵硬而液化，体表也不“发霉”，则是病毒病；如果虫尸颜色变暗变黑，常腐烂有异味，特别是在蜕皮、化蛹时死亡，多为细菌病；如果虫体表皮透明，终成斑驳状棕色，十有八九是球虫类原生动物所致。当然，除了种种基本症状外，有的还会出现交叉症状，病原物最根本的辨别还要靠专业人员对其分离、培养，然后在显微镜或电子显微镜下观察，进行种类鉴别。

二、黄粉虫疾病预防

俗话说“无病早防，有病早治，以防为主，防治结合”，这是长期生产实践中动物和人类对疾病问题达成的共识，因而对于黄粉虫的疾病防治，也应采取这个原则。因为对于黄粉虫来说，发病初期是不易被发觉的，一旦发病，治疗起来就比较麻烦了，一般治疗方法是把药物拌于饲料中由黄粉虫自由取食，但是，当病情严重时，黄粉虫已经失去食欲，即使有特效药也无能为力了，目前对黄粉虫进行人工填食是不可能的，但还没有其他好的治疗方法。有介绍说可以使用药液喷黄粉虫这样的给药方法，目前还在试验阶段。

黄粉虫之所以产生疾病，甚至流行，完全取决于昆虫本身、病原体和环境之间相互作用的“三角”关系。如果黄粉虫身体健壮，有较强的抵抗能力，就不易患病，甚至在流行病袭来时，若稍加“自卫保护”也可躲过。如果缺少病菌适宜生存的环境条件，如温湿度、光照、适宜侵染的虫体，即使侵染性或致病力强的病原体也是无法引致疾病的，因此，我们就可在一定条件下操纵这种“三角”关系，使黄粉虫不发生疾病。因此我们在日常工作中就必须做好预防措施。

1. 创造良好的生活环境

首先选择合适的场地，远离污染源（含噪声）。另外，搞好室内环境，协调好温湿度关系，控制日温差小于5℃，室内空气保持清新，不把刺激气味带入黄粉虫饲养房。

2. 加强营养

实践证明，长期饲喂单一的麦麸饲料对黄粉虫的效果不是最理想的，在这种情况下，黄粉虫幼虫生长发育速度相对缓慢，容易发生疾病，同时，出现成虫产卵率低、秕卵现象。所以，必须采用配合饲料，注意添加维生素及微量元素，喂适量的青饲料。

3. 坚持科学管理

俗话说“三分技术，七分管理”，这说明管理的重要性。其实管理是讲究科学的，实际上管理也是一门技术，所以既要加强管理，也要讲究科学。如合理的饲养密度、大小分群饲养、严格的操作规程等，都能避免各种致病因素的产生。同时，培育优良黄粉虫种，及时淘汰有问题的黄粉虫种，利用杂交技术，提高黄粉虫的抗病力，执行卫生防疫制度、搞好日常常规消毒工作等都能防止黄粉虫疾病的发生。禁止非饲养人员进入饲养房。如非进入室内不可的人员，必须在门外用生石灰消毒。

4. 发现问题，及时处理

有关黄粉虫的疾病诊断目前尚未形成其病理学、微生物学等现代诊断方法，诊断黄粉虫疾病主要是通过观察其症状表现来发现。在饲养过程中，健壮的黄粉虫行动敏捷，成虫行动有急急忙忙慌慌张张之态，幼虫爬行较快，食欲旺盛。

幼虫在休眠期、成虫羽化不久或天气过冷时行动迟缓，但如果这些虫体态健壮，身体光泽透亮，体色正常则并非是病态。发现虫体软弱无力，体色不正常，吃食不正常，就要注意黄粉虫是否可能有病。若发现有病，要及时隔离有病黄粉虫，并及时采取药物治疗和其他相应的措施，控制疾病的传染，提高治疗效果。

第二节　黄粉虫的病害防治

一、如何防治黄粉虫腹斑病

1. 病因

黄粉虫长期进食过于潮湿及脂肪含量过高的饲料使体内水分、营养积累过多而引起。

2. 症状

病虫的胸腹部有一块褐色病斑。腹部体节膨大，节间膜不能收缩，体内充满白色物质，病虫终因难以蜕皮导致死亡。

3. 防治方法

在饲养时如欲增加相对湿度，不要向基础混合饲料加水或喷水，而应加入蔬菜叶或瓜片；饲料过于潮湿应及时更换新的；不喂含脂肪多的饲料；发现病虫应及时拣出，并拣走蔬菜叶或瓜片。

二、如何防治黄粉虫腹霉病

1. 病因

饲养房湿度过高、虫的密度过大致使虫体感染了霉菌而引起。

2. 症状

病虫行动迟缓，少食，腹部有暗绿色的霉状物。

3. 防治方法

经常调节饲养房的湿度，做好分龄饲养：按每平方米饲养面积加 2 片的分量往饲料中拌入已粉碎了的曲古霉素或克霉唑等抗真菌抗生素药物；发现病虫应及时拣出。

三、如何防治黄粉虫干枯病

1. 病因

发病原因主要是空气干燥，气温偏高，饲料含水量过低，使黄粉虫体内严重缺水而发病。一般在冬天用煤炉加温时，或者在炎夏连续数日高温（超过 39℃）无雨时易出现此类症状。在幼虫和蛹中常见，成虫则少见。

2. 症状

先从头部、尾部发生干枯，再慢慢发展到整体干枯僵硬而死。幼虫与蛹患干枯病后，根据虫体变质与否，又可分为“黄枯”与“黑枯”两种表现。“黄枯”是死虫体色发黄而未变质的枯死；“黑枯”是死虫体色发黑已经变质的枯死。

3. 防治方法

在酷暑高温的夏季和干燥的秋季，应将饲养盒放至凉爽通风的场所，或打开门窗通风，及时补充各种维生素和青饲料，并在地上洒水降温，防止此病的发生。在冬季用煤炉加温时，要经常用温湿度表测量饲养室的空气湿度，一旦低于 55％，就要向地面洒水增湿，或加大饲料中的水分，或多给青饲料，以预防此病的发生。对干枯发黑而死的黄粉虫，要及时挑出扔掉，防止健康虫吞吃生病。

四、如何防治黄粉虫腐烂病（软腐病）

1. 病因

此病多发生于湿度大、温度低的多雨季节，尤其是连绵阴雨季节。主要原因是空气中的湿度长期过大，饲料湿度大或养殖密度大等养殖管理不科学所造成的。加上难筛而用力幅度过大造成虫体受伤，如再加上管理不好，粪便及饲料易受到污染而引起黄粉虫发病。

2. 症状

表现为病虫行动迟缓、食欲下降、产子少、排稀黑便，重者虫体变黑、变软、腐烂而死亡。病虫排的黑便还会污染其他虫子，如不及时处理，甚至会造成整盒虫子全部死亡。这是一种危害较为严重的疾病，也是夏季主要预防的疾病。

3. 防治方法

一旦发现此病应立即清理已死亡的病虫以及挑出变软变黑的病虫，防止互相感染。并应立即减少或停喂青菜饲料，及时清理病虫粪便，清理残食，更换干燥的饲料。开门窗通风排潮，若连续阴雨室内湿度大温度低时，可燃煤炉升温驱潮。

药物防治措施：最好是对养殖间进行一次全面消毒（包括饲养盒），饲养器具尽量放于太阳下面进行30分钟的曝晒。可用0.25克氯霉素或土霉素拌匀250克麦麸、饲料/盒投喂，也可用氟哌酸、葡萄糖拌料投喂，等情况好转后再改为麦麸拌青料投喂。

五、如何预防黄粉虫黑头病

1. 病因

据日常观察，发生黑头病的原因是黄粉虫吃了自己的虫粪造成的。这与养殖户管理不当或不进行科学养殖有关。在虫粪未筛净时又投入了青饲料，导致虫粪与青饲料混合在一起，被黄粉虫误食而发病。

2. 症状

先从头部发病变黑，再逐渐蔓延到整个肢体而死。有的仅头部发黑即会死亡。虫体死亡后一般呈干枯状，也可呈腐烂状（也有人认为黑头病属于干枯病）。

3. 预防方法

此病系人为因素造成，提高工作责任心或掌握饲养技术后就能避免。死亡的黄粉虫已经变质，要及时挑出扔掉，防止被健康虫吞吃生病。

第三节　黄粉虫的敌虫害防治

一、如何防治螨虫侵害

螨虫可说是动物界生命力最顽强、繁殖能力惊人的微小动物，无处不存在，能侵害绝大部分动物，连人也不能幸免。螨虫的成虫体长不到1毫米，很小，用肉眼很难看清楚，用放大镜观察，可见到它形似小蜘蛛，全身柔软，成拱弧形，灰白色，半透明有光泽。全身表面生有若干刚毛，有足4对。幼螨具足3对，长到若螨时具足4对，若螨与成螨极相似。高温、高湿及大量食物是螨虫生长的环境与物质条件，在这种条件下螨虫每15天左右发生一代，每头雌螨能产卵200粒，可见其繁殖力之强。

危害黄粉虫的螨虫主要是粉螨，欲称“糠虱”、“白虱”、“虱子”。夏秋季节，在米糠、麦麸中很容易滋生，使饲料变

质。如果把带有螨虫的米糠作饲料投喂时被带入盒内，在高温、高湿的适宜环境条件下，有丰富的营养，螨虫繁殖力又极强，能在短时间内繁殖发展并蔓延到全部饲养盒中，大量发生时，卵的受害率可达40%～82%。

1. 病因

一般在7～9月份因高温高湿容易发生螨虫病害。饵料带螨卵是螨害发生的主要原因。

2. 症状

螨虫一般生活在饲料的表面，可发现集群的白色蠕动的螨虫寄生于已经变质的饲料和腐烂的虫体内，它们取食黄粉虫卵，叮咬或吃掉弱小幼虫和正在蜕皮的中幼虫，污染饲料。即使不能吃掉黄粉虫，也会搅扰得虫子日夜不得安宁，使虫体受到侵害而日趋衰弱，食欲不振而陆续死亡。

3. 防治

① 选择健康种虫。在选虫种时，应选活性强、不带病的个体。

② 饵料处理。因为7～9月份或春季比较容易发生，饵料带螨卵是螨害发生的主要原因。因此，最好的方法是科学养虫，才是杜绝螨害发生的有效途径。黄粉虫饵料在梅雨季节要密封储存，米糠、麸皮、土杂粮面、粗玉米面最好先曝晒消毒后再投喂。另外一点也不能忽视，即掺在饵料中的果皮、蔬菜、野菜也不能太湿，因夏季气温太高易导致腐败变质。还要及时清除虫粪、残食，保持饲养箱内的清洁和干燥。如果发现饲料带螨，可移至太阳下晒5～10分钟（饲料平摊开）即可杀灭螨虫。也可用隔水高温消毒20分钟。对于黄粉虫饵料，应该无杂虫、无霉变。加工饲料应经日晒或膨化以及消毒、灭菌处理。或对麦麸、米糠、豆饼等饲料炒、烫、蒸、煮熟后再投

喂。且投量要适当，不宜过多。

③ 药物治疗。螨害严重的饲养室要进行杀螨处理。彻底清扫后可用40%的三氯杀螨醇1000倍溶液喷洒饲养场所，如墙角、饲养箱、喂虫器皿，或者直接喷洒在饲料上，杀螨效果可达80%～95%以上。

④ 场地消毒。饲养场地及设备要定期喷洒杀菌剂及杀螨剂。一般用0.1%的高锰酸钾溶液对饲养室、食盘、饮水器进行喷洒消毒杀螨。还可用药物治疗法中的杀螨措施，具体参见③内容。也可用40%三氯杀螨醇乳油稀释1000～1500倍液喷雾地面，切不可过湿。一般7天喷1次，连喷2～3次，效果较好。

⑤ 诱杀螨虫。由于杀螨剂对黄粉虫的生长发育有一定的影响，因此，如养殖的黄粉虫螨害不是很严重时，通常采用诱杀方法。

a. 将油炸的鸡、鱼骨头放入饲养池，或用草绳浸米泔水，晾干后再放入池内诱杀螨类，每隔2小时取出用火焚烧。也可用煮过的骨头或油条用纱网包缠后放在盒中，数小时后将附有螨虫的骨头或油条拿出扔掉即可，能诱杀90%以上的螨虫。

b. 把纱布平放在池面，上放半干半湿混有鸡鸭粪的营养土，再加入一些炒香的豆饼、菜子饼等，厚约1～2厘米，螨虫嗅到香味，会穿过纱布进入取食。1～2天后取出，可诱到大量的螨虫。或把麦麸泡制后捏成直径1～2厘米的小团，白天分几处放置在营养土表面，螨虫会蜂拥而上吞吃，过1～2小时再把麸团连螨虫一起取出，连续多次可除去70%螨虫。

二、如何防治蚁害

蚂蚁可把黄粉虫抬走或吃掉。蚁害一般在夏季多雨潮湿时

易发生。防治方法介绍如下。

1. 隔离法

用箱、盆等用具饲养黄粉虫时，把支撑箱（盆）的4条短腿各放入1个能盛水的容器内，再把容器加满清水。只要容器内经常保持一定的水面，蚂蚁就不会侵染黄粉虫。或在饲养架底部涂上市售的杀虫药物“神奇药笔”。

2. 生石灰驱避法

可在养殖黄粉虫的缸、池、盆等器具四周，每平方米均匀撒施2～3千克生石灰，并保持生石灰的环形宽度为20～30厘米，利用生石灰的腐蚀性对蚂蚁有驱避作用，并且蚂蚁触及生石灰后，体表会粘上生石灰而感到不适，使其不敢去袭击黄粉虫。

3. 毒饵诱杀法

取硼砂50克、白糖400克、水800克充分溶解后，分装在小器皿内，并放在蚂蚁经常出没的地方，蚂蚁闻到白糖味时，即会前来吸吮白糖液，从而导致中毒死亡。

4. 西红柿秧法

蚂蚁惧怕西红柿秧气味，将藤秧切碎撒在养殖架周围，可防止侵入。

5. 药物法

将慢性新蚁药“蟑蚁净”放置在蚂蚁出没的地方，蚂蚁把此药拖入巢穴后，2～3天后可把整窝蚂蚁全部杀死。

三、如何防治鼠害

对于黄粉虫来说，老鼠可以说是最难防治的天敌。老鼠既能爬高，又会钻洞，无孔不入。进入饲养室后，会在房顶做窝，伺机侵入食盒中吞食黄粉虫或饲料麦麸，而且食量大，在饲养盘内拉粪尿，搞得环境卫生差，危害严重。因此，养殖户要特别注意观察，以免老鼠侵入饲养室，造成损失。

防治方法如下所述。

① 室内墙壁角落要硬化，不留孔洞缝隙，出入的门要严密，以免老鼠入内。门、窗和饲养盆加封铁窗纱，经常打扫饲养室，清除污物垃圾等，使老鼠无藏身之地。

② 一旦发现老鼠可采用人工捕杀，或用鼠夹和药物毒杀。因灭鼠灵毒性大，国家已禁止使用。现在有一种慢性的能在数天后发挥药效的鼠药，可用来灭鼠。也可在饲养室内养一只猫来驱鼠。

四、黄粉虫其他敌害的防治

1. 壁虎

壁虎很喜欢偷吃黄粉虫但又难防除，是黄粉虫养殖的一大害。一旦黄粉虫被它发现，即会被吃食。曾经对一只壁虎剖腹检查，发现它肚里有 4 条 20 毫米长的黄粉虫幼虫。

防治方法是彻底清扫房间，堵塞一切壁虎藏身之地，门窗装上纱网，防止壁虎从室外进入。

2. 鸟类

黄粉虫是一切鸟类的可口饲料，饲养房开窗时往往有麻雀进入室内偷虫吃，一只麻雀一次可以吃几十条虫。

防治方法是关好纱窗，防止鸟入室，开窗时最好有人看护。

3. 米象等

米象又叫米虫，还有米蛾、谷蛾等，它们主要是和黄粉虫争饲料，米象等的幼虫使饲料形成团块，污染饲料，影响黄粉虫的生长和孵化。

防治方法是饲料用前高温蒸过，以杀死杂虫。关好纱窗，防止室外害虫进入室内。

第七章 黄粉虫的运输、加工与利用

第一节 黄粉虫的运输

运输是黄粉虫活虫流动的一道难关。在黄粉虫引种以及商品黄粉虫的销售、调运过程中，经常进行活体运输。黄粉虫活体的运输，如果没有科学的运输方法，黄粉虫运输死亡率高，幼虫运输死亡常达到50%。所以黄粉虫怎样运输是大家很关心的问题。

黄粉虫活体运输，根据虫态不同又可以分两种方式：一为静止虫态的运输，包括卵和蛹；另一为活动虫态的运输，包括幼虫和成虫。大批量生产的商品黄粉虫必然会遇到运输问题。

黄粉虫静止虫态的运输过程问题较少。由于蛹很容易受伤和干死，一般运输途中的时间只是很短的一两个小时还勉强可以采用，且运输过程中要注意蛹的干燥，但是若运输途中需要几个小时以上时，一般不采用。有些养殖户用箱子、桶或袋子装虫运输，死亡率较高。那么，黄粉虫卵能邮寄吗？

在黄粉虫活体运输中，因邮局的限制，只有呈静态的未孵化的虫卵才被允许邮寄。因虫卵容易破碎，一定要用坚固邮箱包装，保证虫卵不被挤压。将虫卵同产卵麸糠和虫粪沙混合邮寄，可起到保护作用。若有异地客户求购虫卵，可采取此法邮寄。

如果要运输成虫，因为它的爬越能力较强，而且个别的还会飞，除在运输桶内添加一些麦麸外，还应在箱子和桶上罩上纱网。整个运输过程中要避免挤压和湿水。

黄粉虫幼虫运输最麻烦，因为黄粉虫在运输过程中会反复受到震动和惊扰，黄粉虫不停地爬动、不断地活动，虫与虫之间互相挤压，又因虫口密度大，互相拥挤摩擦发热，使局部环境温度增高，特别是夏季运输时，虫间温度可达 40℃ 以上，因而造成大量死亡。在活虫运输前两天内最好不要喂青饲料，因为在运输过程中气温的变化过于频繁虫子的活动量会偏大，活虫体内的水分容易走失，如果车厢里通风效果不好的话，很容易造成饲养盒内的温度升高，若不及时发现处理的话就会造成不必要的损失。

前已提及，在夏季如不采取防暑降温措施，一袋（桶、箱）10 千克虫子经 1 小时的运输，袋（桶、箱）中的温度可升高 5～10℃，会使大量虫子因高温而致死。因此在运输包装袋（桶、箱）内掺入为黄粉虫重量 30%～50%的虫粪。虫粪的添加量根据天气情况决定，一般采用添加虫体总重量三分之一的虫粪，但是夏天气温达 30℃ 时，虫粪量要加到虫重的 50%。如果同时在容器中混装虫子重量的 30%～50%的虫粪或饲料，这样虫子在途中就很少死亡。这是因为虫粪与虫子搅拌均匀，虫粪可减少虫体间的接触，同时也可吸收一部分热量。在容器中放入一定量的虫粪或饲料，实际是作为填充物，可相应降低虫的密度，减少摩擦，不致引起局部温度升高太多，造成虫子死亡。虫粪最好是大龄幼虫所产的粪便，颗粒较

大，便于幼虫在摩擦后产生温度的散发。

活虫运输时最好不要在饲养盒内添加任何饲料。因为装有饲料时会使盒内的虫子活动量增加，从而导致饲养盒里的温度上升。

一、大量运输黄粉虫活虫的方法

每10千克1箱（或1桶），这样包装一般不会造成黄粉虫大量死亡。以编织袋装虫及虫粪（袋装1/3量），然后平摊于养虫箱底部，厚度不超过5厘米，箱子可以叠放装车，运输过程中要随时观察温度变化情况，如温度过高，要及时采取通风措施。

根据运输虫量先选择好运输工具，运输工具最好是敞篷的高栏车，上面可以遮盖雨布的最好，以预防运输途中不良天气。装虫的饲养盘最好是实木的，那样会有较强的支撑力，根据气候和运输道路的远近决定每个饲养盘该装多少幼虫。气温在不超过20℃的情况下每个标准饲养盘可装5～8龄幼虫2～3千克，而且饲养盘里面还要添加虫体总重量三分之一的虫粪。

在装车完毕后一定要将饲养盒整体与车厢固定在一起，以免在运输途中遇见不平整的路面时饲养盒会产生侧翻导致虫子洒落在车厢的底部，给卸车带来不必要的麻烦。气温在25℃以下时运输活虫，可不考虑降温措施，相反在冬季要考虑如何保温。

在运输途中，虫口密集在袋内，如果气温较高，虫体所产生的热量不能很快地散出，使袋内温度急剧增高，就会导致黄粉虫因受热而死，造成不必要的损失。因此，夏秋季节运输黄粉虫是十分危险的。为了避免这种损失，夏秋季节在平均气温达到30℃左右时，应特别注意。

二、运输黄粉虫注意事项

① 选早晚气温较低时上路。

② 注意收听天气预报，抓紧在气温较低的1～2天内，赶快采运。

③ 运虫密度不能太大，一定要使用较大的布袋装虫，使虫体有较大的活动空间，以便散热。一般一只面袋装虫不要超过2.5千克。

④ 尽量买小虫。相同数量的小虫比大虫产热量少得多。虽然小虫不能及时进入繁殖期，但从长远看，买小虫比买大虫经济得多。

⑤ 平均气温达32℃以上，途中又无法实施放冰袋等降温措施的，不宜长途运输。

同时冬季运输也比较讲究。冬季运输虫子时应注意两个环节，一是虫子装车前应在相对低温的环境下放置一段时间，使其适应运输环境，二是装车时要在车的前部用帆布做遮挡，以防止冷风直接吹向虫子，同时应即装即走，减少虫子在寒冷空气中的暴露时间。

刚运输回来的黄粉虫幼虫在头几天里会出现较多不明原因的死亡，死亡的原因可能是由于其产生应激反应。这主要是因为饲养管理环境的改变及在运输过程中用塑料袋盛装，虫体密度过大，发生积压，通风条件不良等，幼虫对此产生不适应的反应，从而消化紊乱，取食缓慢，最终死亡。因此，建议在购买黄粉虫幼虫时，要保证运输过程中幼虫密度适宜，注意通风，同时饲养时要首先对饲养器具进行消毒，注意空气流通，虫体密度要适宜，并且控制好温湿度条件。

第二节　黄粉虫的加工

当黄粉虫长到2～3厘米时，除筛选留足良种外，其余均可作为饲料使用。使用时可直接将活虫投喂家禽和特种水产动物等，也可把黄粉虫磨成粉或浆后，拌入饲料中饲喂。一般喂猪适用虫粉，水产动物和幼禽适宜喂虫浆、鲜虫等。

一、虫浆

把鲜虫直接磨成虫浆后，再将虫浆拌入饲料中使用，或把虫浆与饲料混合后晒干备用。

二、冷冻储存

若虫子产量大，一时用不完时，可以临时冷冻储存。冷冻前应将虫子清洗后加以包装，待凉至室温后，入冰箱冷冻，在－15℃以下的温度可以保鲜6个月以上，冷冻的虫子用塑料袋包装，需要时可随时取用。

三、虫粉

鲜虫放入锅内炒干或将鲜虫放入开水中煮死（1～2分钟）捞出，置通风处晒干，也可放烘干室烘干，然后用粉碎机粉碎即成虫粉。根据前期处理的过程不同，黄粉虫虫粉可以分为原粉和脱脂虫粉2种。黄粉虫原粉是指将完全生长成熟的幼虫经烘干以后，不经任何处理直接粉碎而成的虫粉，由于黄粉虫脂肪含量高，直接粉碎有时易于导致粉碎机筛箩的黏糊。脱脂虫粉是指经过化学法或其他技术方法提取一定脂肪后的干燥的、粉碎的虫粉，可以延长保存期并提高蛋白质含量与质量。

制成干品应该是今后主要的加工方向，因为只有干品才利于保存和出口。干品（干虫）的制作方法为：一般小规模养殖户在制干黄粉虫时，用家用微波炉就能烘出符合出口要求的干品；大规模饲养场可用黄粉虫专用微波干燥设备，现在市场上已开发有这种微波干燥设备。用微波设备加工的黄粉虫进入微波设备后，即刻被微波杀死并迅速膨化，然后继续受微波的作用而脱水，从而达到干燥与膨化的目的。这样加工出来的黄粉虫干品含水量易控制，干燥均匀，不变色，营养成分不会被破坏，黄粉虫原本富含的蛋白质等物质也不会因炭化而变质。

制干的比例一般是 1.5 千克鲜虫烘出 0.5 千克干虫。干品标准是：黄粉虫干品含水量＜6%，一般以加工后干虫的虫体长度判断等级标准（一等 33 毫米以上，二等 25～32 毫米，三等 20～24 毫米），金黄色、无杂质，手捏即碎。

随着黄粉虫产业在国内的发展，黄粉虫养殖技术日渐被人们所掌握，并走向成熟，但是黄粉虫制干过程也能影响产量，只有掌握了制干的技巧，才能有效保证鲜虫和虫干的制干比例，掌握黄粉虫的年龄不能凭个体大小来确定能否制干，黄粉虫和所有动植物一样，同龄虫子个体大小都不一样，有时候 4 龄虫的个体就能达到 25 毫米长，而发育不好的虫子个体在 7 龄时也达不到此长度，因此单凭个体大小来确定是否能制干是不准确的，4～5 龄虫制干时，鲜虫和虫干的比例为 3.5∶1。6～7 龄虫制干时，鲜虫和虫干的比例为 3∶1。夏季由于气温高，黄粉虫生长速度快，一般 40 天左右就能达到个体的长度（一般要货方只限制个体长度），但实际上其生长还没有达到成熟，各种成分都达不到所需指标，而且制干后，鲜虫与虫干的比例相差悬殊，一般 3 千克以上才能制干 1 千克。因此，黄粉虫制

干应在8～10龄，必须达到或超过60天的生长期才能达到2.5千克鲜虫可以制干1千克黄粉虫虫干的比例。

要学会通过辨别颜色来确定是否达到了制干年龄。随着年龄的增长，黄粉虫的颜色由黑褐色变成棕红色再逐渐变成黄白色，也就是说到了8～10龄、颜色变成黄白色时，才达到了制干的年龄。

要防止进入喂食增值的误区。有的养殖户在制干前大量投喂青饲料，认为这样可以增加制干后的重量，殊不知，黄粉虫在大量进食青饲料后有利于它的消化，原有的重量反而会减轻。

要掌握好制干时间，这是关键。现在黄粉虫的制干一般都采用微波干燥，虽然微波是程序式的，但如果电压不稳定、技术掌握不好，也会出现成品不干和过干、烧锅现象。黄粉虫制干过程中，一般电压在220伏时需要7～10分钟，电压不稳定时要注意掌握好时间，这样才能确保虫干的质量和产量。

黄粉虫干品产品既然是出口的常规制品，加工就要参照进口要求标准。作为饲料原料的黄粉虫，除了用以上标准鉴别以外，其原料还应该符合国家关于高蛋白饲料的质量标准，如蛋白质含量、脂肪含量、卫生指标等相关要求标准。黄粉虫加工工艺就是如上述以纯天然高蛋白黄粉虫为原料经过严格的排杂、灭菌、烘焙等过程加工。如果用于保健品和化妆品，应以鲜活的黄粉虫为原料，为了有效保护其营养及活性物质，多采用低温真空干燥或超低温冻干技术。

第三节　黄粉虫的应用和开发

一、黄粉虫可作为科学实验材料

20世纪70年代，科技界有关人士便把黄粉虫用作教学和科研的实验材料。黄粉虫应用于生物学教学，可通过观察黄粉虫的生长过程、繁殖过程来了解昆虫的生活史、生物学习性、外部形态和内部结构等。应用黄粉虫作为实验材料，不仅可给人留下深刻的印象，而且可锻炼实验者的动手能力和实验操作技能。新型农药的研制要通过对害虫的药效试验，黄粉虫是最常用的仓库害虫代表，由于其虫源材料丰富，药效实验可做得详尽而可靠。

二、黄粉虫是人工养殖最理想的饲料昆虫

1. 黄粉虫干品是优质的动物蛋白饲料

黄粉虫干品的蛋白质含量高、氨基酸全面，富含多种不饱和脂肪酸及矿物质。黄粉虫营养成分丰富，虫体含蛋白质56.58%，脂肪28.20%，此外，还含有磷、钾、铁、钠、铝等多种微量元素以及动物生长必需的17种氨基酸，每100克干品含氨基酸高达874.9毫克，其各种营养成分居各类饲料之首。据测定，1千克黄粉虫的营养价值相当于25千克麦麸、20千克混合饲料和1000千克青饲料的营养价值，被誉为“蛋白质饲料宝库”。其虫粉可替代鱼粉用作绿色饲料添加剂，黄粉虫经脱脂提油后的虫粉蛋白质含量达到70%，再经提取壳聚糖（甲壳素），蛋白质含量可高达80%。据测算，黄粉虫的营养价值是鱼粉的2～5倍，能完全或部分替代鱼粉，其营养成分与进口优质鱼粉相媲美，而生产成本却只有鱼粉的1/3左右；其蛋白质含量高居各类活体动物蛋白之首。随着肉骨粉带来的疯牛病的出现，鱼粉生产量日渐退减，也随着人们对黄粉虫的进一步认识，黄粉虫作为主要的饲料添加剂已为时不远。

我国同全世界一样，面临动物性饲料严重短缺的局面。开发黄粉虫饲料，代替鱼粉，前景广阔。黄粉虫是重要的蛋白质

添加剂，而虫皮可用来制造抗生素药物——甲壳素。饲料工业中正在开展利用甲壳素作为抗菌添加剂的研究，并且正逐步为行业所接受。黄粉虫粉中则天然含有5%左右的甲壳素，是理想的新型饲料蛋白。它还有不需任何工业添加剂的优点。

如上所述，黄粉虫营养结构十分合理，高蛋白、低脂肪完全可以和优质鱼粉媲美。虽然从理论上是如此，但是目前真正使用黄粉虫代替优质鱼粉的是少之又少。毕竟要能够有效开发黄粉虫饲料，还需要解决以下问题：①规范的饲养技术体系的建立以保证生产需要的产量和质量，对加工、运输、储藏等的评价。②研究环境因子对黄粉虫的影响，研制合理的饲料配方，选择更多饲养黄粉虫的饲料，降低成本，提高繁殖速度。③研究其在不同动物上的利用；要真正将黄粉虫作为鱼粉的替代物，需要研究用量以及使用的虫态和效果；要分析和配制以黄粉虫为主的各种饲料配方，例如在畜禽上应用的配方。

2. 黄粉虫活虫是特种动物和畜禽的优质鲜活饲料

黄粉虫活虫是发展特种动物养殖理想的蛋白饲料。黄粉虫对于特种动物养殖的最大贡献是给这些动物的快速恒温养殖提供了四季源源不断的食粮。如人工养蝎，在未发现黄粉虫可作饲料时，可以说几乎所有的人工养蝎都是不成功的，更别说是恒温养殖了（也有叫无冬眠养殖的）。如在20世纪，刚开始人工养蝎时，在夏天可以捕捉到很多野生昆虫如蜘蛛、苍蝇、玉米螟等，蝎子生长较好。但入了冬季，捕不到野生昆虫，只好让蝎子冬眠。所以那时的人工养殖其实是无法做到恒温的。直到发现了黄粉虫可作蝎子的食物时，才有了真正的恒温养殖、快速养殖。因为黄粉虫在冬天可以繁殖，蝎子有了食粮，才使得无冬眠成为可能。也使养殖蜈蚣、蛤蚧、蛇等都变成了现实。黄粉虫可用于饲喂珍禽和观赏鸟类，还可饲喂鳖、鱼、牛蛙、热带鱼和金鱼等经济动物，均能获得较好的效益。

由于这些特点，黄粉虫可作为饲养家禽、家畜、甲鱼、黄鳝、鱼类、牛蛙、林蛙、蜘蛛、蚂蚁、蟾蜍、大鲵、蝎子、蜈蚣、蛇、穿山甲、蚂蚁、观赏鸟、珍稀鱼类等经济养殖动物的优质饲料，也适合作为蛙类的最佳活饵，还可解决甲鱼、鳗鱼、山鸡、野鸭等动物繁殖过程中高蛋白原料不足的问题。用黄粉虫喂养全蝎等野生药用动物，其繁殖率提高 2 倍。用黄粉虫配合饲料喂幼禽，其成活率可达 95%以上，喂产蛋鸡产蛋量可提高 20%～30%。实验证明，用 3%～6%的鲜虫代替等量的国产鱼粉饲养肉鸡，增重率可提高 13%，饲料报酬提高 23%。生产 1 千克黄粉虫只需要 3 千克麦麸皮饲料，成本比较低，且黄粉虫能有效地促进生长发育，增强抗病能力，降低饲料成本，提高产出效益。

下面分别介绍用黄粉虫活虫饲喂经济动物的方法

(1) 喂养蝎子　1981 年，中华全国养蝎研究会在北京动物园研究人员的指导下，第一次将黄粉虫活虫用于养蝎，经过几年试验证明，黄粉虫是饲养蝎最理想的饲料之一，这是因为：①为了打破蝎冬眠的习性，必须加强营养，而冬季虫少，饲养黄粉虫可以解决冬季无虫的困难；②黄粉虫含昆虫变态激素，有利于蝎的蜕皮；③可以和蝎同居 10 天左右，不污染蝎窝。

蝎子是食虫性动物，黄粉虫是蝎子的优良饲料，蝎子养殖户常用黄粉虫来喂养蝎子。养殖黄粉虫是养蝎技术不可缺少的内容。

喂蝎子以喂黄粉虫幼虫较合适，投喂量需根据蝎龄的大小及蝎子捕食的能力来确定。若给幼蝎喂较大的黄粉虫，幼蝎捕食能力弱，捕不到食物，会影响其生长，有时幼蝎还会被较大

的黄粉虫咬伤。若给成年蝎子喂小虫子则会造成浪费，所以应依据蝎子的大小选投大小适宜的黄粉虫，一般幼蝎投喂1～1.5厘米长的黄粉虫幼虫较为适宜。

幼蝎出生后趴在母蝎背上，待第一次蜕皮数日后即离开母体。刚离开母体的幼蝎两天内需要取食大量的虫子，此时为幼蝎第一个取食高峰，投喂虫子数量应相应大一些。如果幼蝎没有足够的虫子捕食，会因争食而自相伤残。幼蝎在离开母体2天后取食量逐渐减少，此时投喂1厘米长的黄粉虫较为适宜。离开母体后的幼蝎40～45天间第二次蜕皮。幼蝎第二次蜕皮后逐渐恢复活动能力，又开始一个取食高峰期。此时喂虫量要多些，饲料短缺会引起幼蝎及成蝎间的自相残杀现象。幼蝎一般蜕皮6次即为成蝎，每次蜕皮后都会出现一个取食高峰，每个取食高峰都要多投虫子。对于成蝎的投料，不仅要增加投虫量，而且要常观察，在虫子快被捕食完时及时补充投喂。

黄粉虫是十分理想的蝎子饲料，只要养蝎场不是十分潮湿，投入的活黄粉虫仍可与蝎子共同生存好长时间，另外黄粉虫还可取食蝎场内的杂物及蝎子粪便。在选虫作蝎子饲料时要注意以下几点：要投喂鲜活的黄粉虫，运动中的黄粉虫易被蝎子发现和捕捉。活虫子也不会对蝎窝造成污染；喂幼蝎时要用较小的虫子，必要时应现场观察幼蝎捕食黄粉虫情况，确定是否需要投喂更小的一些虫子；在蝎子取食高峰期，投虫量应宁多勿缺；蝎子一般夜间出来捕食，要保证夜间有足够量的食物在蝎窝中，防止蝎群互相残杀；养蝎房同时养黄粉虫，可保证蝎子常能吃到新鲜虫子，还能降低养蝎成本。

（2）饲喂观赏鸟类　黄粉虫在鸟市作为观赏动物的饲料被称为面包虫，可能因其幼虫的颜色、形态样似一长形面包而得名。在应用人工配合饲料饲喂鸟类的同时适量投喂黄粉虫，可

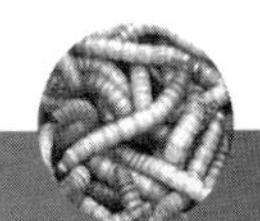

增强其抗病能力，而且可使其羽毛光亮，鸣叫声洪亮。

现介绍几种以黄粉虫为原料饲喂观赏鸟饲料的配制方法和饲喂方法，以画眉为例。

① 虫浆米。黄粉虫老熟幼虫30克，小米100克，花生粉（花生米炒熟后研成粉）15克。将纯净的黄粉虫老熟幼虫放于细筛子中，用自来水冲洗干净，将适量清水烧开后再将虫子放入煮3分钟捞出。用家用电动粉碎机或绞肉机将虫子绞成肉浆。将虫浆与小米、花生粉放在容器中拌匀，放入笼中蒸15分钟，取出搓开，使呈松散状，平放在盘中，晾晒干后即可使用。

② 虫干。取黄粉虫幼虫，筛除虫粪，拣去杂质死虫。冲洗后放于沸水中3分钟，捞出装入纱布袋子中，在脱水机（洗衣脱水桶即可）中脱水3分钟，然后放在纸上置于室外晾晒2～3天（也可在干燥箱中以65～80℃烘烧），待虫体完全干燥后收储待用。

黄粉虫干可直接饲喂画眉，也可研成粉拌入配合饲料中饲喂。虫干饲喂画眉时要特别注意虫体卫生。如果处理不卫生，虫体含水量超过6%容易变质或发霉，鸟食用后会患肠炎。特别在夏季，应尽可能不用死虫子喂鸟，以虫粉拌入饲料中饲喂效果较好。

虫干和虫粉均应以塑料袋封装，冷冻保存。

③ 活虫。以活的黄粉虫喂画眉要讲究方法。黄粉虫脂肪含量较高，若饲喂的黄粉虫过量，鸟又缺乏运动，会造成画眉脂肪代谢紊乱，并使鸟体内堆积过多脂肪，体重增加过多而患肥胖症，特别是成年画眉较易发胖。所以黄粉虫一般不宜作单一饲料喂画眉，应在饲喂其他饲料的同时加喂，饲喂量一般为每只每天喂8～16条为宜。年轻体质好、活动量大的鸟可适当

多喂些，年老体弱的鸟应少喂一些。

给画眉喂黄粉虫时，可用手拿着喂，也可用瓷罐装虫子喂。瓷罐内侧面要光滑，以使虫子不能爬出罐外，罐内不能有水和杂物。

大多数画眉食用黄粉虫后都生长得很好，少数鸟若食得过多则会出现精神不佳，饮水量增加，排便多，常排稀汤样粪便，这多是因为发生了肠炎。画眉出现这种情况时要分析原因，在排除了其他因素以后，可以考虑以下原因：黄粉虫质量差，有病虫或死虫；喂养过量，鸟活动少，引起消化不良或蛋白质过剩而得病。所以在投喂黄粉虫前首先要清理杂物和病、死的虫体，每天投虫量要适宜。在自然界生活的画眉每天可能食用许多虫子，但其活动量大，可以较好地调节能量平衡，这是笼养鸟所不能相比的。它们对营养能量的需求也有很大差异。这一点养鸟者要特别注意。

养鸟者可以自己养殖黄粉虫，也可以到市场上购买商品黄粉虫。从市场上买黄粉虫喂鸟，一次不要买得太多，以每只画眉 50～100 克，可供其食用十余天即可。这十几天对购入的虫子也要精心喂养和管理，要保证虫子不变质、霉烂。

买黄粉虫时首先要选择行动活泼的个体，买来的幼虫可放到小塑料盆或养虫箱中，投入适量麦麸或玉米渣（饲料约 1 厘米大小即可），天晴时投入少量菜叶，如白菜叶子、莲花白叶子等。菜叶要新鲜干净不能带水，适当撕得小一些。投放量一次不能过大，1 片约 10 平方厘米的菜叶可够 40～60 条黄粉虫食用。菜叶若投喂过多，盆中湿度过大，饲料易霉变腐烂，虫子则易患病，病虫或死虫不能喂鸟，因虫子在死后数小时即会变质腐烂，腹部发黑变软直至有臭味，死虫子喂鸟会引起肠炎，甚至使鸟死亡。要常观察虫粪，若有潮湿结团现象应尽快清除粪便及杂物。

买来的黄粉虫幼虫，在养了一段时间后会逐渐长大，有的虫子开始化蛹，蛹又逐渐变为成虫（即黑甲虫）。黄粉虫的蛹和成虫也可以喂画眉。黄粉虫蛹脂肪含量高，不宜多喂，否则会使鸟过肥或产生其他副作用。食用黄粉虫过多，鸟会发生眼角起泡、眼屎多、粪便颜色深并发绿，发现这些症状，应尽快停止喂虫，多喂蔬菜、瓜果皮类食物。

3. 喂养鱼鳖类

黄粉虫含有一种变态激素物质，除能够促进鳖加快生长外，还能够增强鳖抵抗疾病的能力，其繁殖能力是饲喂其他饲料的 2 倍。用黄粉虫喂鱼，主要用于观赏、珍稀类的鱼种，如热带鱼、金鱼等，由于鱼类摄食方式多为吞食，投喂的黄粉虫虫体不可过大，否则鱼不能吞食，每次投虫量也不可过多，以免短时间内不能食完，出现虫子腐烂现象。

用黄粉虫喂鳖效果十分理想。鳖对饵料的蛋白质含量要求较高，一般最佳饲料蛋白含量在 40%～50%。黄粉虫蛋白质含量相当高，适合作鳖的饲料，且黄粉虫干粉中的必需氨基酸配比也适宜动物体吸收转化。鳖对饲料的脂肪及热量的需求也与黄粉虫的含量相当。以鲜活黄粉虫喂鳖可补充多种维生素、微量元素及植物饲料中缺乏的营养物质，并提高鳖的生活力和抗病能力。所以黄粉虫是人工养鳖较理想的饲料。

以黄粉虫养鳖不同于养鸟和养蝎子，因鳖在水中取食，要考虑到黄粉虫在水中的存活时间。将活黄粉虫投入水中后，如有水浸入虫子腹部气门，虫子会在 10 分钟内窒息死亡，在 20℃以上水温 2 小时后开始腐败，虫体发黑变软，然后逐渐变臭。虫体开始变软发黑就不能作为饲料了。如此时鳖继续取食腐烂的虫子，就会引发疾病。因此，以黄粉虫喂鳖，首先要掌

握鳖的食量，投喂量以 2 小时内吃完为宜。春夏季水温在 25℃以上时，鳖食量较大，1 天可投喂 2～3 次，投虫时将虫子放在饲料台上，第二次投喂时要观察前 1 次投放的虫子是否已被鳖食尽，若未食尽则不要继续投喂。秋冬季水温在 16～20℃时鳖的食量较小，每天投喂 1 次黄粉虫即可。如果有人工加温条件的，水温在 25℃左右则可增加投喂次数，最好是“少吃多餐”，以保证虫体新鲜。鳖生长季节鲜虫的日投喂量为鳖体重的 10%左右较适宜。

4. 喂黄鳝

目前，黄鳝苗种规模化生产技术尚不成熟，人工养殖的苗种主要来自野生。利用活饵驯化黄鳝摄食配合饲料能有效地降低饲料成本、保证营养全面，便于拌加添加剂和制作药饵，这是黄鳝人工养殖中必不可少的关键环节之一。许多养殖户采用切断的蚯蚓驯化，主要利用蚯蚓发出的特殊气味刺激黄鳝摄食，但往往驯化不理想、操作麻烦，尤其在有土养殖中最为明显。

黄鳝侧线发达，在摄食过程中起的作用最大，味觉、嗅觉次之，触觉和视觉作用不大。因此，驯化中采取的活饵最好在水中能动，且存活时间长，个体亦小，无需切断。

黄粉虫就具有上述优点，其生产方法简单，沉于水底的能存活2～3 小时，浮于水面的虫（如刚蜕过皮的、借助水草漂浮的虫）能存活 4～5 小时以上，虫体在水中、水底、水面不断蠕动，能刺激黄鳝摄食。特别是黄鳝摄食后排出的粪便因黄粉虫皮未被消化而一部分浮于水面，便于观察黄鳝是否摄食，这在有土养殖中尤为重要。

现将具体的操作方法介绍如下。

驯化前先将黄鳝饥饿 2～3 天，使其适应周围环境，然后傍晚在池四角投放少量黄粉虫（其中有切断的虫体和活虫），次日发现黄鳝已经开始摄食黄粉虫后，便可开始驯化工作。第一天用4/5虫（包括少量切断的虫体）和1/5配合饲料（可采用鳗鱼配合饲料或自配的饲料）投喂，总量约为鱼体重的1%左右（若温度低，投饵量还可减少，一般宜20℃以上驯化），第二天改为3/5虫体和2/5配合饲料喂，第三天投2/5虫体和3/5配合饲料……如此五天左右即可全改为配合饲料。值得注意的是，由于气温变化、管理操作等原因会影响驯化进程，驯化时间可能需要10天甚至更长时间。因此，驯化一定要有耐心，直到成功为止。

5. 喂养其他经济动物

黄粉虫可饲喂数十种经济动物，食肉性、食虫性和杂食性动物均可食用黄粉虫。饲喂方法也没有太大的区别。各地可根据各自的情况，采用合适的饲喂方法。主要应注意饲喂中的卫生问题。比如：蛇也是吞食性动物，常以蛙、雀、鼠等小动物为食，黄粉虫也可作为蛇的饲料。黄粉虫更适合喂幼蛇。以黄粉虫喂成年蛇可与其他饲料配合成全价饲料，加工成适合蛇吞食的团状，投喂量要根据蛇的数量、大小及季节不同而区别对待，一般为每月投喂3～5次。

6. 黄粉虫作为雏鸡等禽类的饲料喂养

近年来，也有用黄粉虫饲喂雏鸡、鹌鹑、乌鸡、斗鸡、鸭、鹅等禽类的。用黄粉虫喂养雏禽生长发育快，产卵期提前，繁殖率及成活率都有所提高，而且可以增强其抗病能力。所谓虫子鸡，就是散养在果园、林地、滩区的鸡，它们在依山傍水、绿树成荫的自然界里吃的是草籽、菜叶和鲜活的蝇蛆、蚯蚓、黄粉虫、蚂蚱等高蛋白动物饲料，由于黄粉虫营养十分丰富，其中又以黄粉虫养鸡子最为盛行，黄粉虫（俗称面包

虫）近几年至将来都会是虫子鸡饲料的最佳选择，让鸡子自由觅食。由于散养的鸡活动量大，吃得又是无污染、不含任何药物和激素的饲料，大大缩短了鸡子的成长周期，提高了鸡肉的营养价值，故鸡肉细嫩、脂肪少、味道鲜美，含有人体所需的多种氨基酸、蛋白质、多种维生素、矿物质以及不饱和脂肪酸等营养成分。

黄粉虫作高蛋白活体饲料喂养雏鸡能大大提高雏鸡的成活率和缩短雏鸡的生长周期。科学地使用黄粉虫活体饲料能显著提高雏鸡的免疫力和抗病能力。与普通的饲料相比，用黄粉虫喂养雏鸡的成活比例比普通饲料喂养雏鸡成活比例高出了16％。由于利用黄粉虫饲养的土鸡毛色好、肉质佳，且具保健功能，颇受欢迎。每千克市售价格要比普通土鸡高 2～3 元，同山地和果园养法相比，每只鸡增加纯利润2～2.5 元，经济效益十分显著。

鸡群的饲料以鲜活黄粉虫为主，同时用黄粉虫粪添加一定比例的黄芪、当归、陈皮、麦芽等中草药配制成作为鸡群日常补饲的颗粒饲料。雏鸡三周龄前在早上、傍晚饲喂少量的黄粉虫，中午补饲全价饲料。三周龄后野外放养时，早、晚两次投喂鲜活的黄粉虫，中午再补饲颗粒饲料。饲喂时以锣声为号，开始时需要两个人配合，一个人敲锣，一个人投撒黄粉虫，几天后鸡群就形成了“敲锣-采食”的条件反射。黄粉虫的投喂数量应根据鸡群的不同生长阶段逐渐增加，一般以鸡只吃饱自由散开为宜。

但用黄粉虫喂养雏鸡时应注意以下几个问题。

① 喂养雏鸡用的黄粉虫可以用已经死亡的，或刚死亡不久的，但不能用死亡后变质腐烂严重的死虫来喂养雏鸡，那样会给雏鸡带来病菌感染，导致体质弱的雏鸡死亡。

② 不能过量投喂。因为黄粉虫体内粗蛋白含量高达56%～65%，粗脂肪含量高达30%～34%。对雏鸡过量地投喂黄粉虫会造成雏鸡体内营养均衡失调，并带来一系列的并发症，如委靡不振、行动迟缓、眼睛出现炎症、拉稀等症状，一旦发生此类现象时要立即减少投喂量或停喂，并采取相应措施，如多喂青饲料、多喂水、多喂含维生素高的鸡饲料。

三、黄粉虫虫粪的利用

1. 黄粉虫粪沙是优质的肥料

黄粉虫粪沙中粗蛋白含量达24%，另外还含有3.37%的氮、1.04%的磷、1.4%的钾及锌、硼、锰、镁、铜等多种微量元素，既是良好的有机肥料，亦可作为粗饲料喂养畜禽。

黄粉虫的生态生长效率为31.8，排粪率为21.5。用100千克的麦麸饲养，不仅可以得到31.8千克的黄粉虫，还可以得到21.5千克的虫粪沙。黄粉虫的粪便干燥、无异味、体积小、易储存和运输，沤制腐熟快、不占场地、使用方便，其优越性胜过常见的家禽和家畜的粪便，是值得加以利用的肥料。

虫粪沙的综合肥力是任何化肥和农家肥不可比拟的。虫粪沙是具有很高的自然气孔率的微小团粒结构的有机肥料，而且表面涂有黄粉虫消化道分泌液形成的微膜，这有助于提高土壤的氧含量。因此，黄粉虫虫粪沙对土壤具有微生态平衡作用和良好的保水作用。由于黄粉虫虫粪沙无任何异臭味道和酸化腐败物产生，也就无蝇、蚊接近，因此，是城市养花居室花卉的肥中上品。

黄粉虫虫粪沙可以直接用作植物肥料，其肥力稳定、持久、长效，施用后可以提高土壤活性，也可以将虫粪沙与农家肥、化肥混用，对其他肥料具有改性及促进肥效的作用。比如

根据蔬菜需肥规律、土壤供肥状况和肥料特点，选用黄粉虫虫便为主要原料，将氮、磷、钾、钙、镁、硫、铁、锰、硼、锌、铜、钼等微量元素以及肥料激活剂等按科学比例融合加工而成蔬菜专用肥。该蔬菜专用肥具有的特点：①黄粉虫虫粪沙与微生物相结合，可活化土壤、有效改良土壤结构，提高土壤阳离子代换量，减少养分流失，增强土壤蓄水、保水能力，提高养分利用率。②养分全面均衡，促进蔬菜根、茎、叶发展，提高单位面积产量，增强抗病能力，增产增收。③速效、缓效相结合，养分协调释放，肥效持久，既能满足蔬菜苗期需要，又能保证壮苗期养分供应，达到长势平稳，高产优质。

2. 黄粉虫虫粪沙还可以用作饲料或饲料添加剂

黄粉虫虫粪沙的营养价值在于其营养成分丰富及生物活性物质较全面。在动物日粮中加入10%～20%的虫粪沙，动物的长势和健康状况大为提高与改善，如作为畜禽饲料添加剂，可明显提高动物的消化速率及降低饲料指数，还能维持它们的基础代谢相对稳定，使毛色光亮、润滑，病后体质恢复快，营养缺乏症大幅度下降，从而提高生长速度和繁殖率。黄粉虫虫粪沙用作特种水产动物的饲料添加剂和诱食剂，具有特殊的效应。同时，把虫粪沙配入水中，能缓解池水发臭作用，有效地控制疾病的发生。

四、黄粉虫的深加工与开发

深加工的黄粉虫产品应用领域非常广阔。黄粉虫可以称得上是昆虫家族中的贵族，个头不大，作用不小，浑身都是宝，黄粉虫作为食品新资源的开发前景是以黄粉虫鲜虫体或脱脂蛋白为原料可开发出大量的高档食品、饮料和调味品，它们是一些具有高蛋白、低脂肪和奇香特点的真正绿色昆虫食品，鲜黄粉虫的蛋白质含量高于鸡蛋、牛奶、柞蚕蛹。前已叙及，黄粉虫大约含蛋白质56.58%、脂肪28.20%以及氨基酸、脂肪酸、糖类、维生素、几丁质、锌、铁、钙等，而且这些成分含量比例与人体的正常比例一致，很容易被吸收和利用，并且其营养成分含量高居各类活体动物之首，素有“动物蛋白王”的美誉。

1. 全形黄粉虫食品

全形黄粉虫食品就是直接用黄粉虫虫体焙烤或油炸制成的日常食用品。黄粉虫富含人体必需的多种氨基酸、多菌酶，此外，黄粉虫还含有较丰富的矿物质和微量元素，具有重要生理功能，如具有抗血脂、抗衰老、增强人体免疫力等功效，深受消费者喜爱。油炸黄粉虫作为一种特别的食品已被端上了餐桌，其颜色金黄，香脆可口，令许多人胃口大开，吃过之后久久难忘。黄粉虫蛹的蛋白质含量高，超过鸭和鸡蛋，与鱼类接近；脂肪含量低于鸡蛋；胆固醇含量低于所有的畜禽类及其他动物性产品。从黄粉虫蛹蛋白质的氨基酸组成看，含有17种氨基酸，包括7种人体必需氨基酸（色氨酸未测），而开发出的昆虫蛹菜——黄粉蛹菜更是风味独特、营养价值高，有可能会成为世界各国人民喜爱的一道佳肴。全形黄粉虫食品也是指基本上保持其外形的加工食品，它是黄粉虫食用最普遍的方法，其一般加工流程为：虫体预检、清洗、配料、加工。黄粉虫食品可以进一步加工制成罐头、半干制品、冷冻制品等。

2. 黄粉虫蛋白质的提取和加工

主要是指通过提取黄粉虫蛋白粉为原料进一步加工食品。由于黄粉虫直接作为食物还不能被大多数人所接受，因此，提取其蛋白质或制成其氨基酸用于食品、药品或化妆品将是一条有效的利用途径。提取蛋白质的工艺流程基本上包括幼虫杀

灭、烘干、脱色、脱臭、洗涤、破碎、提取、烘干。

黄粉虫可以作为食品和保健品。黄粉虫含有较高比例的人体必需氨基酸和亚油酸，使其成为一种不可多得的食品营养资源。由于黄粉虫的蛋白质含量高，氨基酸全面而丰富，已有人利用黄粉虫的蛋白粉或氨基酸营养液加工成各种食品，如“黄粉虫虫浆粉”、“虫浆粉馒头”、“黄粉虫清蛋糕”、“黄粉虫发酵型蛋白饮料”等。

3. 黄粉虫水解蛋白质和氨基酸的加工

主要通过提取黄粉虫氨基酸营养液为原料进一步加工营养保健品。黄粉虫的氨基酸组成比较合理，可以加工利用来制取水解蛋白质和氨基酸，用于治疗一些由于氨基酸缺乏引起的疾病。也可用作加工保健食品或作为食品的强化剂。如用黄粉虫提取物制取酱粉、点心等。随着黄粉虫有效物提取工艺研究和黄粉虫蛋白水解工艺研究的成熟，开发研制黄粉虫食品、保健品、调味品等已成为现实。目前已上市的产品有黄粉虫水解蛋白发酵营养液、黄粉虫水解蛋白调味品、黄粉虫酱油、氨基酸虫酒等。

4. 其他用途

黄粉虫的脂肪含量很高，在不同的发育期黄粉虫的脂肪含量有较大变化，以蛹期含量最高，达到33%，其次是幼虫时期为28%，成虫时期脂肪含量最低，但也达到18%。黄粉虫脂肪含量高，但是其不饱和脂肪酸含量较多、饱和脂肪酸只占27.26%。不饱和脂肪酸与饱和脂肪酸含量之比为0.9，接近推荐比值1.0。长期食用黄粉虫油脂不但不会诱发高血压，而且可以预防心血管疾病，所以黄粉虫脂肪是比较理想的食用脂肪。此外，黄粉虫脂肪含固醇类物质很少，在一定程度上脂肪酸组成接近鱼油，可作为天然优质食用油，特别是油酸和亚油酸的含量很高，均超过所有参比的畜禽类及鱼类食品。亚油酸是必需脂肪酸，可预防动脉粥样硬化、冠心病和高血脂症，并可作为花生四烯酸的合成原料。由此可见，黄粉虫的脂肪是比较理想的食用脂肪，是一种药食兼用的功能性油脂，已有人提取出黄粉虫油脂用来制造一些油类如高级烹调食用油。黄粉虫油还可用作保健品添加用油、化妆品添加剂、变压器用油、飞机润滑油及其他工业用油。

前已叙及，黄粉虫虫蜕是生产甲壳素的优质原料，而甲壳素在许多领域有着广阔的应用前景。

综上所述，黄粉虫营养成分丰富，食用价值极高，具有广阔的开发应用前景。

5. 净化环境

黄粉虫是一种腐食性昆虫，能以多种农业、林业生产中的废弃物作为饲料，还有消化木质纤维素的能力，能将农田秸秆和木屑消化吸收。试验表明，黄粉虫可以消化处理牛粪，另据报道黄粉虫可以消化泡沫塑料。

目前黄粉虫的研究和开发利用尚处于初级阶段。其在食品中的应用还有待于进一步开发。除了发展传统的加工品外，还要加快医疗、滋补保健品的开发步伐。通过进一步对黄粉虫营养成分分析，明确其保健功能的作用机理及安全性分析，预计可开发出具有影响力的保健功能食品。

第八章 探寻黄粉虫高效养殖之路

第一节 黄粉虫人工养殖目前存在的问题

一、盲目炒种问题

要想选择黄粉虫养殖项目，选择良种是基础。但是目前存在一种盲目炒种热，欺诈现象多，造成良种培育少、品种退化严重。在选优良品种时，应在专家的指导下，最好选用经国家有关部门鉴定的品种，这些品种多来源于科研单位、教学单位和经过国家验收认定的育种场内。特别要防止引进鱼目混珠的所谓良种，更不能贪图便宜而引进假种。同时还应指出，一个品种的培育成功需要若干年甚至数十年的科学繁育才能完成，其中对技术的要求也是较高的。因此，养殖户在引种前应多考察，到有信誉的单位引种。在黄粉虫养殖行业，有些人急于求成，一旦发现或者在当地饲养成功后，就盲目地、大肆地做宣传，登广告卖种。如果是种源纯正且相关的技术、服务能跟得上，则无可厚非。但是，在生产中，某些人为了追求短期的经济效益，经常是盲目地炒种，种源质量又没有保证，配套的服务跟不上，最终坑了别人，也害了自己。

要加强黄粉虫品质资源管理。由于长期人工饲养和近亲繁殖以及人工饲养中的一些其他因素，许多人工饲养中的黄粉虫种虫都出现品质差和品质退化的问题。因此，需通过对虫体进行专门选育和有性杂交工作，以扩大繁殖更多的优良品种。

二、技术落后问题

关键技术未过关，疾病防治滞后；饲料营养不合理，饲养管理粗放，这些也是目前存在的黄粉虫人工养殖问题。黄粉虫养殖的发展历史还不是很长，而且随着养殖的发展，疾病等问题也增多，而专业的研究机构和人员又严重缺乏，导致生产中很多技术问题没有办法解决。黄粉虫养殖业的发展速度与相应的技术发展速度并不匹配，如相应的药物、饲料和管理方法滞后，导致黄粉虫养殖的风险很大。

所以在人工饲养方面要深入研究黄粉虫的生物学特性，进一步完善饲养技术和改进饲养设备，将良种、饲料、设备、环境条件、卫生等环节有机地配合起来，从而明确工艺流程和技术参数，扩大生产规模，提高工厂化规模生产的程度。

三、市场问题

生产、加工、销售相脱节，产业化经营基础未形成；深加工投入不足，引导群众消费宣传滞后；拓展内销市场力度不够，抗风险能力差；产品在国际市场竞争力弱。产品要有好销路，没有销路的产品不能上；虽然有销路，但销量有限的要少上；销售市场尚未形成的要慢上；季节性特别强的产品要按不同季节安排生产，规模要有计划地上。先看行情再投资，搞黄粉虫养殖风险还是很大，必须以市场为导向，深入细致地调查所饲养黄粉虫的市场容量、销售状况、同行业的竞争力以及在市场上畅销时间的长短，何时可能出现饱和，何时出现滞销，

以此来决定养殖及转产的时间。

加强黄粉虫深加工的研究与开发，拓展内销市场的力度。在饲用和食用品加工方面，要更新设备，改进生产工艺流程，力求自动化，同时争取改进提取和深加工工艺，开发出附加值较高的多种产品。加快医药、滋补保健品的开发步伐，同时进行安全性的毒性测定和试验。

应多阅读关于其养殖方面的科技报刊，多参加养殖经验交流会、博览会，多与专家、教授联系咨询，或上网查询有关信息。在充分论证的基础上再决定养殖项目，确保养殖成功。

四、综合服务问题

主要表现为技术、信息、资金、配套物资等社会化服务滞后，产前、产中、产后配合不力，组织不良，影响了行业的发展。目前黄粉虫养殖大部分都是零散小户饲养。养殖户开始饲养的时候，全凭经验去独自摸索，因此，技术、饲养方法、饲料、管理、药物等有关配套的要素发展速度很慢，经常被一些问题难住或导致前功尽弃。同时，产业链也不连续，就算养出来了，也不能加工，也不便于直接销售。因此黄粉虫养殖尚处于分散的、自发自由的小规模养殖状况，且缺乏合理的布局和行之有效的行业管理及指导项目，需要规范、改进的方面还很多。

第二节　提高人工养殖黄粉虫的技术

黄粉虫养殖业生产经营者多数未经过专业培训，只是靠长期积累的经验来经营管理。这样是不利于生产和产品质量的提高的，且常导致品种原有特性退化，产量降低，成本增加。如

果没有一定的技术水平来掌握黄粉虫自身的发展规律及生产性能等，养殖它是非常盲目的。因此，在抓管理的同时，要认真搞好技术培训，提高养殖者的素质，并从品种纯化、饲养管理、饲料配方、产品加工开发及包装增值等方面重点入手，拉长产业链条，以获得更好更大的社会和经济效益。

目前黄粉虫的养殖尽管不乏技术资料，但许多新的养殖户还是难免失败。其主要原因是各自的条件不同，环境气候、养殖场所有差异，与技术教材不能完全吻合。黄粉虫养殖小节上也不容忽视，不然会影响产量，而这些小节不能在技术教材中找到现成答案从而不能采取有效、针对性的措施来克服问题。同时，由于受环境等因素的影响，许多老养殖户可能会产生很多问题，比如前几年黄粉虫的养殖很少会有疾病的产生，死亡率很低，而目前随着养殖黄粉虫的发展，许多新的问题出现了。所以，养殖户要在实践中学会改进黄粉虫养殖方法，提高养殖技术。当然生物实验方法和统计学原理可以解决这个问题，但是这些技术和方法较复杂，只有专门的科研技术人员才掌握，很多普通的黄粉虫养殖户不容易弄明白，所以这里介绍一种简单又实用的方法，即罗列和排斥思路的运用方法，虽然并不完全，但实践证明能较好地解决黄粉虫养殖中的实际问题，提高养殖技术。

罗列和排斥的养殖思路方法即把最基本的单独个体一一罗列出来，彼此在相同条件下互相比较、分出优劣，确定最佳的，排斥差的。对比的个体至少 2 个，也可以是不同对比条件下的同一个体。

为此，先做 1 个实验来简单说明。

罗列直接喂水与间接喂水这两种方法，在两个玻璃皿里，1 个滴几滴水，1 个放 1 小块青菜叶，再各放进 1 条黄粉虫，

遇水的黄粉虫即挣扎死亡，遇菜叶的黄粉虫则安然无恙，爬在上面啃食。以上实验排斥了直接喂水的方法。

直接喂水，技术教材也明确否定。而有的是技术资料没有明确说明，没有现成的观点，在养殖过程中却不可避免地会遇到，这就需要运用此方法自己验证。例如，间接补充水分，一般大致地以为可以用叶菜、马铃薯、胡萝卜、玉米芯、浸水未挤干的海绵等。其实，这是从逻辑推理的类比角度来推导的，不是一一对应于虫体，然后按用途归于同一类而累加统计的结果。

不妨用以上罗列中的叶菜和马铃薯作一平行对比试验。在同一养殖群体中，取出200条，充分混匀，分成各100条的2份，分别放在经消毒灭菌的玻璃皿里，然后在1个玻璃皿里只放新鲜干净不沾水的菜叶，另1个只放新鲜干净不沾水的马铃薯。再在玻璃皿里分别加少量麦麸，麦麸也经过烘晒灭菌处理。这个对比试验其他条件都相同，只是间接补充水分的用料是叶菜还是马铃薯这一点不同。

经4～5天观察，喂叶菜类补充水分的几乎没有死亡的虫体，而喂马铃薯死亡的虫体则明显增加，多达20～30条。拿掉吃剩的马铃薯和叶菜，继续分别投喂新的叶菜和马铃薯，过几天再观察，喂叶菜补充水分的还是没有什么死亡的虫体，而喂马铃薯的死亡虫数继续增加。

也许会以为这是偶然现象，但经过多次实验，如果依然是这绝种状况，那就绝不是偶然的现象了，需要探究它的原因。叶菜类多含纤维，经咀嚼后在虫体内的比重较小，马铃薯富含淀粉且蛋白质含量较高，咀嚼后，同样体积分量较重，黄粉虫积食不消化，群集养殖中互相挤压扭曲，易损伤肠胃，导致细菌感染。发现死亡的虫体都是先从中间部位变黑腐烂，再继续蔓延到全身。

通过实验，可以认定用马铃薯喂食来补充水分的方法比用叶菜要差。这样就可以分出优劣，确定最佳，排斥差的。

在人工饲养繁殖黄粉虫幼虫的过程中，经常出现大量的死亡，其原因不明。为了探究其原因，可以观察黄粉虫取食饲料的营养水平的影响，既可以通过罗列喂养不同的饲料，来观察不同饲料对黄粉虫生长发育和抗病能力的影响，发现不同的饲料黄粉虫的死亡没有多大区别，即对黄粉虫幼虫提供不同营养水平的饲料对其死亡无影响，即可排除黄粉虫幼虫的死亡与饲料营养水平关系不大；也可以观察用几种不同的能防治多种细菌的药物进行防治，比如罗列青霉素、链霉素、头孢唑等拌料喂黄粉虫幼虫，发现用药物防治黄粉虫的实验对幼虫死亡的效果并不明显，但是从观察数据来看，每天幼虫的死亡数量在逐渐减少，是否是药物的作用还有待继续观察，这个罗列也排除是由于感染细菌病引起的。

罗列之所以产生问题的多种可能原因，进行对比，排斥虚假非必然的因素，找到真正的必然原因；或者罗列解决问题的多种可能方法，进行对比，排斥无效非必要的方法，找到真正的实效的解决方法，这样就可以列举归纳出影响养殖成功或失败的几个条件、因素：①饲料的品质、种类及附带的细菌量；②温度的适宜与否；③水分的补充情况；④养殖环境的湿度状况；⑤养殖器具的适宜与否。然后，按所列举的条件，整理思路，罗列在每个条件下的导致虫体死亡的各个可能因素。再用排斥法一一加以审察，问题的症结必然就会被找到，然后就可以有针对性地加以克服。

导致黄粉虫细菌感染的途径（或部位）是通过体表、体内肠道和呼吸系统。体表感染是环境造成的；体内肠道的感染是

饲料原因；呼吸系统的感染是空气中的大量霉菌引致。

大量繁殖产生细菌的主要条件是温度和湿度。温度主要为确保虫体的生长繁育，不可降低；湿度可以调整。这样就排斥了温度，确立了湿度。体内肠道对应饲料；体表对应环境；呼吸系统对应空气，这些都可以围绕湿度或潮湿而展开，相应调整养殖的方式方法，而且调整的方法并不局限于单一，可以多样。

① 关于饲料。不让饲料吸潮，保持一定程度的干燥，就可以抑制细菌的大量繁殖。饲料不要求完全无菌，只要细菌量控制在安全范围内就可以了。在饲料的这一项下面，再去分类罗列各种原因。其中之一是干燥饲料的植物细胞中的亲水胶体对水分子有强大的吸引力，蛋白质类吸水胀力最大，淀粉次之，纤维素较小。蛋白类饲料如大豆粉状饲料在多雨季节吸取潮湿空气中的水汽，如温度又不适宜，则会繁衍大量细菌、虫螨，产生霉变，虫吃了会感染死亡。克服的方法是调整饲料种类、改变喂食方法，每天1喂，当天吃完，并且投喂的饲料新鲜干燥。而在气候干燥的冬季，则可铺1层厚的饲料，不仅具有保温作用，且省时省力。

② 关于养殖器具。即使空气湿度一直较小，养殖盒内的小环境也会越来越潮湿，群集底层总有体表潮湿死亡的虫体变黑腐烂渗水，有时可见湿漉漉一小撮，继续下去，死亡的虫体会越来越多。如技术指导书没有讲明原因，使用罗列排斥法则能找到问题：虫体自身体壁毛孔散发蒸腾水汽，以及虫的排泄体液在不透风的底部积聚形成水液，堵塞毛孔，使其窒息而死。因此如技术书籍所列举的养殖器具，即底下不透风的塑料盆、塑料盒就不要再用了，可改用木框方盒，或是衬垫底板改用筛孔很小的绢丝，如木框筛具状。这样就能上下通风容易散

发水气，保持干燥；饲料也不会结块，不会产生虫螨。

③ 关于湿度。养殖环境的湿度即使对黄粉虫非常适宜，但如果会导致细菌大量繁殖 ，那么这样的湿度显然也不是最理想的。空气中的细菌含量过大，黄粉虫的呼吸系统以及经由体表的通道，也会被感染，最后导致虫体死亡。因此可利用黄粉虫耐干旱、对环境湿度要求不严的特点，宁可通过饲喂的方法多补充虫体水分，也要尽量保持环境干爽，从而抑制空气中的霉菌大量产生。

用罗列法和排斥法还可以选择最佳的养殖方式，可节省人力、时间，提高效率。

综上所述，较好的养殖方法是：铺 1 层较厚的饲料，不用每天投喂；为防止结块，改用底部通风的养殖器具；补充水分时，可利用黄粉虫耐干旱的特性，根据气候、气温条件，罗列每日 1 喂、2 日 1 喂、3 日 1 喂，甚至 5 日、6 日喂叶菜的方式，根据吃掉叶菜的多少、虫体生长繁殖情况、单位时间内因干渴而死亡的虫体数量的多少来确定最佳投喂间隔时间以及投喂量，只要有规律，经过几个世代，黄粉虫就可以驯化形成习惯。

用罗列排除法，能迅速、有效、积极地总结经验，采取有效措施，以小范围的失败确保大范围的成功，把损失降低到最小程度，增大养殖成功的概率。

另外提高养殖技术的同时也要提高饲养管理质量，也就是科学管理，比如：养殖户收集商品幼虫的时间应该在 60 天以上，这时的黄粉虫肉厚，作商用虫最好，制干率也高；而如果根据外观的大小来衡量，就可能把一些小于 60 天的幼虫作为商品虫，而此时黄粉虫含水分多，还在生长快速的时期，则效果很差。以上所举事例实际上就是一个管理的小环节，只有把

这些环节做好了，饲养质量就会提高，成本自然也就会降低。

掌握科学的养殖技术是促使黄粉虫养殖业健康发展的重要保证和提高经济效益的重要手段。黄粉虫人工养殖的历史不长，因此，养殖者要通过多种形式的学习，使自己掌握科学的养殖技术，包括良种选择、饲料配制、饲养管理、繁殖及疫病防治等，并应用于生产实践，以提高生产水平和养殖效益。

第三节 建立和完善黄粉虫行业不同形式的组织

虽然黄粉虫养殖业在我国已发展了多年，但是由于其源于养殖户的自发经济，因此黄粉虫养殖很多都是零星小户散养。发展至今仍没有统一的行业管理组织，缺乏科学的引导和有效的管理协调，长期以来小、散、乱的现象一直困扰着黄粉虫养殖业的发展。

要加大与市场接轨的力度，必须使其规模化、专业化、商品化生产。要走出单纯以盈利为目的的怪圈，认真做好市场调研、咨询，推广科学养殖技术，才能稳步发展。加强对黄粉虫养殖业的管理和指导，对于市场风险和市场开发，可以通过一些行业协会的指导、专家的指导以及自己的经验来判断。在发展规模上，行业管理组织应引导并控制黄粉虫数量的无限扩大，保优质要效益，要根据各地区的实际情况不断完善贯彻执行，没有规矩不成方圆，这对众多散在的养殖户也有促进规范作用，是保护行业的措施。广大业主需更新观念，提高养殖效益。规模要适度，要量力而行。发展黄粉虫养殖业没有规模不行，且规模要适度。

但是目前黄粉虫养殖业普遍缺乏科学的引导和有效的管

理，这种现象在特种养殖业发展过程中更是表现出盲目性、自然性。如，1990年前后的“獭狸热”，是没有经任何市场调查和技术论证的，它是在一些单位和个人高价“炒种”信息的宣传和引诱下形成的，绝大多数养殖者亏本严重。而1995年前后出现的“七彩山鸡热”则是因有的养殖户盲目围着“热点”转，蜂拥而至，造成市场过剩，结果效益急速下滑，产生亏损。当然这种例子举不胜举，受到这些挫折的影响，人们对特种养殖心有余悸。此外，目前的黄粉虫养殖完全是靠养殖户自发形成的，由于缺乏有效的规范化管理以及良种繁育和经营管理，基本处于无序状态。

国外的实践证明养殖业发展得好与其行业组织密切相关。比如养殖协会是一个统一的行业组织，统管大部分饲养场。各地都设有分会，下设饲料委员会、繁殖委员会等，参与制定全协会统一的饲养标准、饲料加工、育种繁育计划和疫病的防治等具体工作。其相关的服务经营机构（如饲料加工厂、用具生产与经销等）采取股份制。协会重视科学研究，与科研单位联系密切，每年拨出固定资金解决生产中的实际问题。重科技、统一管理、经济挂钩是协会成功的经验，很值得借鉴。

黄粉虫养殖要走产业化之路，这要求每个养殖户或企业必须摒弃原有的那套小而全的模式，使社会分工进一步细化，市场分工也随之细化，各专其职，各尽其能。一条完整运作的产业化链条，各个环节相互关联、缺一不可，它们之间应避免交叉与重复设置，要实行专业化分工。例如，一个大的集团公司关联企业有育种企业、生产养殖企业或农户、产品加工与开发企业、采购部门、运输部门、饲料生产企业、产品宣传与形象策划部门、市场调研部门等。在产业化生产链条中，每一环节都是产业化过程中的贡献者，在各环节间求得合理的利润分配

比例就显得尤其重要。这样才能从根本上使黄粉虫生产良性循环。此外，投资者需从多方面了解养殖黄粉虫方面的有关信息，在充分论证的基础上再决定养殖项目，以确保养殖成功，真正实现黄粉虫的产业化发展。从战略上讲，就是建立一个协会，建立一个组织，这些组织除可传递信息、交流经验外，还应是一个自律和相互监督的组织，通过它解决黄粉虫咨询服务、销售等问题。

由于现在好多条件均不成熟，但笔者认为这是必需的，建立黄粉虫行业组织协会对黄粉虫养殖业的发展一定会起到至关重要的作用。

第四节 提高黄粉虫养殖经济效益的经营措施

随着黄粉虫养殖业的不断发展，许多家庭和个人加入黄粉虫养殖行列，并成了经济收入的主要来源之一，更有许多专门从事黄粉虫养殖的企业出现。如何提高黄粉虫养殖效益，在实际生产过程中除选好优良的黄粉虫品种外，还应做到以下几点。

一、提高经营管理水平

1. 加强饲养场规范化管理

规范适宜的管理模式为企业生存与发展所必需。目前我国多数黄粉虫养殖大都凭经验随机管理，工作没有计划性。其次，饲养员队伍不稳定，技术水平低。但要养好黄粉虫饲养员是关键，必须培养好专业的技术人员，培养其主人翁的责任感。

2. 做出正确的经营决策

在广泛的市场调查并兼顾经济效益的基础上，结合分析内部条件，如资金、场地、技术、劳动等，做出生产规模、饲养方式、生产安排的经营决策。正确的经营决策可收到较高的经济效益。

3. 确定正确的经营方针

按照市场需要和自身条件，充分发挥内部潜力，合理使用资金和劳动力，实现合理经营提高劳动生产率，最终提高经济效益。既考虑当前利益，又要考虑长远效果。总之，正确的经营方针是能够以最低的消耗取得更多的优质产品。

4. 生产规模适度

一般情况下，黄粉虫养殖的效益与饲养数量同步增长，即讲究规模效益。因为有规模才有市场。适度规模生产，便于应用科学管理方法和先进的饲养技术，合理配置劳力，降低饲养成本。随着黄粉虫养殖生产的进一步发展，市场竞争日益加剧，每个黄粉虫饲养场都要根据自身条件和市场情况制定出适合自身条件的饲养规模。发展适宜的饲养规模，而不能盲目发展。应了解市场的需求，以能否促进黄粉虫业发展为前提，量力而行，循序渐进。

二、降低生产成本

1. 降低饲料成本

饲料费用占黄粉虫养殖场生产成本的70%左右，所以降低饲料成本是降低生产成本的关键。

科学合理的利用饲料，减少饲料浪费，有效降低饲养成本。这就要制定合理的饲养标准，按标准配制日粮，不能随意提高日粮水平。根据黄粉虫各自不同的生理阶段，按其营养需

求的特点，正确选料，合理饲养，提高饲料报酬，并最有效地发挥黄粉虫的生产性能和生产潜力，获得较大的经济效益。而使用优质饲料正是为了这一目的，因为优质饲料是用优质原料再配以科学的饲料配方和先进的加工工艺生产的。科学地应用饲料配方，再辅以应用良好的饲养管理，黄粉虫的生长繁殖才能达到预期目的，且不会引起生长过程中营养代谢和中毒性疾病等，从而解决了黄粉虫及其产品的安全问题，进而促进黄粉虫的规模化和产业化经营。

饲料在采购、运输、储存、加工等过程中，数量和质量上的损失也是一个不小的数字。在饲料管理工作中，应非常注重质量管理，常因饲料质量不好而造成直接经济损失。而饲料储存不当，造成氧化酸败，既降低其饲养价值，又常因添加抗氧化剂而使支出增大。

2. 降低间接支出

如合理利用人力资源；贯彻“预防为主，防重于治”的方针，杜绝黄粉虫疾病的发生，减少死亡，同时节约用药费用等。对无饲养价值的黄粉虫，应及时处理或淘汰，不再用药治疗。

3. 科学的管理方法

科学有效的管理是企业竞争力的基础和盈利目标实现的保障。数据资料的收集统计与分析是经营管理不可缺少的手段，因此要记录好所做的工作，要对黄粉虫每日的采食量计算到每个饲养盒，了解温湿度是否适宜、黄粉虫健康状况是否良好、饲料品质是否优良等，及时分析调整饲养管理方案，以获取最佳的经济效益。

4. 降低水、电、燃料费开支

在不影响生产的情况下，真正做到节约用电、节约用水。

三、增加收入的措施

1. 提高产品的数量和质量

在相同饲养条件的情况下，饲养出黄粉虫的产品数量越多，均摊的直接费用和间接费用越少。因此，要把提高生产水平，增加产品数量作为增加收入的主要措施。当然产品质量好坏对增加收入也有影响，例如，种黄粉虫比商品黄粉虫贵一倍以上，而两种黄粉虫的生产成本是一样的。所以，黄粉虫养殖场应始终把育种工作作为常年任务，不断提高产品的数量和质量。

2. 多种经营，综合利用

这是目前黄粉虫最稳妥的发展方向。黄粉虫主要取食麦麸、各种果菜残体、有机废弃物等，转化成的虫体蛋白和虫粪沙均可进入养殖业和种植业。黄粉虫养殖场应饲养两种或两种以上的，以及种植一种经济作物，以便合理利用饲料和虫粪。如黄粉虫养殖场同时养猪，这样黄粉虫的粪便可用以喂猪，减少养殖成本。另外，小的饲养场，也可以采取多种经营的模式。如饲养 250 千克黄粉虫，其产生的废物可养鸡 1000 只、猪 200 头，这样可形成循环农牧经济生产模式。

3. 加强黄粉虫加工和利用的开发

目前黄粉虫利用还主要是应用在经济动物的饲养方面，而且，都是利用活的黄粉虫幼虫。因此市场需求不是很广阔，而且幼虫期并不是很长，一旦市场需求饱和，过剩的黄粉虫幼虫就会产生很多问题，给养殖者带来较大的风险，难以得到较好的经济效益。所以要加强黄粉虫加工技术，促进黄粉虫幼虫商品的加工，提高黄粉虫幼虫的利用期，同时加工产品也可出口。另外，要加强黄粉虫综合利用价值的开发。

4. 把握市场信息，生产对路商品

黄粉虫养殖业的发展与其他行业紧密相连，有时还会受到其他行业的制约，因此从事黄粉虫养殖业，必须有可靠灵通的信息，以市场为导向，以信息为保障，才能稳步高效地发展。

总之，黄粉虫养殖的经营应以市场需求为目标，以效益为中心，以产品为龙头，以黄粉虫种为基础，以技术为后盾，加强经营管理，才能使效益不断提高。

附　大麦虫的养殖技术

第一节　大麦虫的简介及养殖前景

一、简介

大麦虫在昆虫分类学上隶属于鞘翅目，拟步行甲科，粉甲属。别名超级面包虫、超级黄粉虫、高蛋白虫。其也被誉为“蛋白质饲料宝库”，国内外著名动物园都用其作为繁育名贵珍禽和水生动物的肉食饲料之一。

大麦虫是人工养殖理想的饲料昆虫之一。大麦虫的幼虫含粗蛋白质 51%，脂肪含量 29%，还含有多种糖类、氨基酸、维生素、激素、酶及矿物质磷、铁、钾、钠、钙等。每 100 克干品，含氨基酸高达 874.9 毫克，其营养价值高，市场前景广阔，可作为高蛋白鲜活饲料用于饲养蛙、鳖、蝎子、蜈蚣、蛇、优质鱼、观赏鸟、药用兽、珍贵毛皮动物和稀有畜禽等。

饲养大麦虫也不受地区气候条件限制。大麦虫虫体大，生长周期及速度与黄粉虫相同，食性杂，适应性广，以麸皮、蔬菜、瓜果为主，饲料来源广泛，饲养成本低廉，适合我国各地居民饲养，其产量是黄粉虫的 5 倍，经济与社会效益十分显著。

二、养殖前景

饲养大麦虫具有广阔的市场前景。

大麦虫养殖在国际市场上刚刚起步，经过长时间的试验和

饲养，能根据其不同生育期提供给适宜的配合饲料，在饲料配方、温湿度、变蛹羽化等关键技术方面也总结出大麦虫饲养和繁殖的基本规律，从而为规模化养殖创造了良好条件，它是一种很有发展潜力的优质活蛋白饲料，对我国的特种动物和宠物养殖业将有很大的促进作用。

大麦虫有广阔的国内外市场需求。宠物养殖业是一项发展较快的新兴产业，是人们休闲娱乐、提高生活质量的好方式。龙鱼主产于亚洲，其分布在东南亚的印尼、马来西亚、新加坡和泰国，经人工驯化养殖成功的玩物主要品种有：红、橙红、白、黑、金、银和青色的龙鱼，由于它保持有原始的体型，鱼体漂亮，观赏性较高，又濒于绝种，以活化石驰名于世，有考古和学术价值，与我国的大熊猫齐名，被列为世界甲级保护动物。仅 10 厘米至 12 厘米长的幼鱼，每尾的售价就在千元以上，一尾成年龙鱼售价高达数十万美元，是目前观赏鱼中价格昂贵的品种之一，全球主要经营的 500 多个龙鱼品种，在新加坡、印尼、马来西亚都有，占世界观赏鱼品种的 85%。销售占世界观赏鱼的大部分市场，可为本地区带来丰硕的经济回报。在这些国家龙鱼养殖规模庞大，活昆虫供不应求，仅每年从我国进口活蜈蚣 1000 万条。

而大麦虫是名贵宠物的活饵料，尤其是龙鱼最理想的主要昆虫饲料。大麦虫含有丰富的甲壳素和少量虾红素，因其成为贵族宠物高档食品而身价倍增。甲壳素让鱼体表面鳞片较坚硬且显光泽，鱼体颜色尤显华丽。对观赏性龙鱼有较好的增色作用。国外大麦虫每条 15 美分，按每千克 700 条计算，价格在 1000 元人民币/千克，市场需求和市场潜力巨大。

用大麦虫配合饲料喂幼禽，其成活率可达 95%以上，喂产蛋鸡产蛋量可提高 25%，用大麦虫喂养全蝎等野生药用动物，其繁殖率提高2倍。

随着我国经济迅速发展，人民生活水平提高，对优质动物蛋白质的需求量愈来愈大，畜禽生产亦必须相应迅速发展。但由于蛋白质资源缺乏，影响了畜牧业的发展。

因此，目前许多国家将人工饲养昆虫作为解决蛋白质饲料来源的主攻方向。大麦虫的开发即是突出代表之一，一方面可以直接为人类提供蛋白质，另一方面作为蛋白饲料利用。将昆虫作为饲料历史悠久，但在相当长的一个历史阶段，此领域的开拓停滞不前，到目前为止，规模不大，所占比例不高，亟待大力发展。当前，深入开展饲用昆虫资源普查，筛选出一批更理想的虫种，通过一系列选育工作，使蛋白质含量提高到80%以上；深入进行生理学、生态学等一系列研究，大幅度提高繁殖系数和年饲养代数；改进饲养技术和设备，扩大生产规模，提高工业化程度，改善生产流程，改进提取和深加工工艺以及提高自动化水平；以生产多种多样，营养丰富，美味可口，成本不高，深受欢迎的产品。

第二节　大麦虫的形态特征

一、大麦虫的形态特征

大麦虫属于完全变态昆虫类，其一生要经历卵—幼虫—蛹直至羽化为成虫。

1. 卵

卵长1.5～2毫米，卵外表为卵壳，内层是卵黄膜，里面充满乳白色的卵内物质。长圆形，灰白色，卵壳较脆软，易破裂。卵外被有黏液，能黏附上一层虫粪和饲料，可以起到保护

作用。

2. 幼虫

幼虫一般体长35～55毫米，身体前后粗细基本一致，体径约为5～6毫米，体壁较硬，无大毛，有光泽；虫体中间为黄、黑相间色，即中间有一圈斑点，接近头部三节黑褐色较多，接近尾部三节黑褐色也较重，腹面为灰褐色。头壳较硬，为深黑色。各足转节腹面近端部有2根粗刺。

3. 蛹

长约25～30毫米，乳白色或黄褐色，无毛，有光泽，鞘翅伸达第三腹节，腹部向腹面弯曲明显。腹部末端有一对较尖的变刺，呈“八”字形，末节腹面有一对不分节的乳状突，雌蛹乳突大而明显，端部扁平，向两边弯曲，雄蛹乳突较小，端部呈圆形，不弯曲，基部合并，以此可区别雌雄蛹。

4. 成虫

体长约25～30毫米，体色呈黑色，体型为长椭圆形。体面多密集黑斑点，无毛，无光泽。复眼红褐色，触角念珠状，11节，触角末节长大于宽，第一节和第二节长度之和大于第三节的长度，第三节的长度约为第二节长度的2倍。

二、大麦虫的解剖学结构

1. 消化系统

大麦虫幼虫与成虫的消化道结构是不同的。幼虫的消化道平直而且较长；成虫的消化道较短，中肠部分较发达，质地较硬。幼虫的马氏管一般为6条，直肠较粗，且壁厚质硬，成虫的消化道相对短一些，由于生殖系统同时占有腹腔空间，肠管不及幼虫发达。因此，在饲料配方及加工粒度方面，应将成虫饲料的营养成分提高一些，加工更精细一些。

2. 雄虫生殖系统

雄虫管状附腺与豆状附腺发达成对，可见睾丸内有许多精珠。雄虫羽化 5 天后睾丸和附腺已十分发达、清晰。活体解剖可见雄性管状附腺不断伸缩，向射精管输送液体。可能管状附腺与豆状附腺在雌雄交配时有助射精以及具输送精液的作用。交配时睾丸中的精珠与附腺排出的产物一同从射精管排出。每只雄虫约有 30～60 个精珠。每只雄虫一生可交配多次。

3. 雌虫卵巢发育与繁殖

刚羽化的雌成虫卵巢整体纤细，卵粒小而均匀，卵子不成熟。受精囊腺体展开而不收缩，说明卵巢是在羽化后逐渐发育成熟的。羽化 5 天后的大麦虫，卵巢发生很大变化，长大的卵进入两侧输卵管，但卵仍不十分成熟，受精囊及其附腺较前期发达，较粗壮一些，特别是受精囊、附腺开始具有收缩功能。大麦虫羽化 20 天后，到了产卵盛期，大量成熟的卵在两侧输卵管存积，使两侧输卵管变为圆形，端部卵巢小卵不断分裂出新卵，如果此时营养充足，护理好，端部会出现端丝。端丝的出现有望增加更多的卵。

第三节　大麦虫的生活习性与生态行为

大麦虫喜干燥，生命力强，并耐饥、耐渴，全年都可以生长繁殖，以卵—幼虫—蛹直至羽化为成虫的生育周期约为 100 天左右。温度在 6℃以下时进入冬眠，其生长发育的最适温度为 18～30℃，39℃以上可致死；空气相对湿度要求在 60%～70%较适宜。大麦虫喜欢群集，室温 13℃活动取食，5℃以上仍能生长，以 25℃的温度生长最快，35℃以上则会造成大批

死亡，幼虫和成虫有大咬小的残杀性（我们观察的结果是：在饲料中缺乏维生素和矿物质添加剂的情况下以及饲料缺乏的情况下发生多），幼虫有时也把蛹咬伤。因此，要将同龄的虫、卵、蛹、成虫筛出，放在各自的容具中饲养。

大麦虫幼虫每千克约700～800条，雌雄比例3∶2，可产卵雌虫有400条左右，每只雌虫产卵以最少300粒计算，经半年饲养可产幼虫120000条，约为170千克，考虑到养殖中的死亡和其他因素影响，以保守的方法计算也可得幼虫100～120千克。

一、幼虫

幼虫生长期一般为60天，幼虫生长过程中，体表颜色先呈白色，蜕第一次皮后变为黄褐色，以后每4～6天蜕皮1次。幼虫期共蜕皮6次。幼虫习性与成虫一样，但不同的饲料直接影响到幼虫的生长发育。合理的饲料配方，较好的营养，可以促进幼虫取食，加快生长速度，降低养殖生产成本。幼虫喜好黑暗。幼虫群体饲养比散居有利于生长。由于群居互相运动摩擦，可以促进虫体血液循环及消化，增强活力。幼虫蜕皮时常爬浮于群体表面。初蜕皮的幼虫为乳白色，十分脆弱，也是最易受伤害的时期。约20天后逐渐变为黑褐色，体壁也随之硬化。

二、卵

孵化期因温湿度条件不同而有很大变化。当温度在25～30℃时，卵期约8～12天；当温度为19～24℃时，卵期为15～20天；温度15℃以下时，卵很少孵化。在25～32℃下成虫产卵最多，每只成虫最高可以产卵1000粒左右，质量也高，

19～24℃产卵只有500粒左右，15～18℃只有150粒左右，低于15℃很少交配产卵，低于10℃不交配产卵。成虫一般初产卵成一直线，最终集片，少量散产于饲料中。

三、蛹

大麦虫幼虫在饲料中化蛹，化蛹时将头部倒立在饲料中，左右移动摩擦头部进行化蛹，室温20℃以上，蛹经一周时间蜕皮变为成虫。幼虫一旦化蛹应及时从幼虫中分拣出来集中管理，否则容易被别的幼虫吞食，初羽化时蛹为乳白色，体壁较软，隔日后逐渐变为淡黄色，体壁也变得较坚硬。蛹只能扭动腹部，不能爬行。在挑选种虫蛹时可用两个手指捏住虫蛹尾部，一般健康的虫蛹会震动自己的蛹体以抵抗外来的入侵，震动越大的虫蛹说明生命力越强。成虫和幼虫随时都可能将蛹作为饲料，只要蛹的体壁被咬出一个极小的伤口，就会死亡或羽化出畸形成虫。蛹期对温湿度要求也较严格，温湿度不合适，可以造成蛹期的过长或过短，增加蛹期感染疾病或死亡的可能性。蛹的羽化适宜相对湿度为65%～75%，温度为25～30℃。湿度过大时，蛹背裂线不易开口，成虫会困死在蛹壳内；空气太干燥，也会造成成虫蜕壳困难，发生畸形或死亡。

四、成虫

初羽化的成虫为乳白色，1～2天后逐渐变硬并变为黄褐、红褐、黑色。黑色的成虫后翅退化，开始取食，喜在夜间活动，爬行迅速，不喜飞行。羽化后一周产卵。在一定条件下，成虫、幼虫均有自相残杀习性。成虫的寿命一般在120～160天之间，平均寿命100天以上，雌虫产卵高峰为羽化后的10～30天。雌虫产卵量约在400～1600粒，平均产卵量为600粒/

只。若加强管理可延长产卵期和增加产卵量。若利用复合生物饲料，提供适当温度、湿度，平均产卵量可达 1200 粒以上。

第四节　大麦虫的养殖设备

养殖大麦虫主要的设备是网筛和饲养容具。

一、网筛盒

供成虫产卵用，也是分离虫卵、虫体及饵料的工具。可用木盒框装上纱网，网孔 3 毫米。

二、容具

有框、箱、池、盒等。网箱规格大小依虫量多少而定，最大为 70 厘米×45 厘米×18 厘米为宜。

一般可用 60 厘米×40 厘米×15 厘米的养殖框（常采用这种塑料框养殖）。容具内壁四周要求光滑，避免大麦虫爬出和防止老鼠、蟑螂、蜘蛛、壁虎、螳螂等危害。

第五节　大麦虫的饲养技术

一、传统饲养模式

大麦虫的传统饲养模式对于以工厂化生产为中心，推动社会分散养殖逐步集中而形成规模化的生产模式仍有一定的参考作用。下面分 5 个方面予以介绍。

1. 虫种

大麦虫目前在我国种源比较稀少，养殖技术多数被少数个人或企业所掌握，所以引种时要对种源进行实地考察后方可确定。

2. 饲料

大麦虫食性杂，在一定温湿度条件下，饲料的营养成分是幼虫生长的关键。若以合理的复合饲料喂养，不仅成本低，而且能加快生长速度，提高繁殖率。在传统的饲养实践和笔者所掌握的材料中，均介绍以麦麸为主并辅以青菜叶的饲料模式，饲喂成本较高，对工农业有机废弃物资源（工农业有机腐屑）的全面开发利用重视不够。

3. 饲养设备

同附第四节内容。

4. 环境条件控制

大麦虫传统饲养均以自然环境条件下的正常生长发育为主，没有进行最佳环境条件的确定和采取控制措施。

5. 饲养管理

（1）幼虫饲养　饲养前，先在饲养箱、盒等器具内放入经纱网筛过的麸皮和其他饲料，再将大麦虫幼虫放入，幼虫密度以布满器具为准，最多不超过3～5厘米厚。最后在上面铺放菜叶，让虫子生活于麸皮与菜叶之间，任其自由采食。夏季气温高，幼虫生长较快，蜕皮多，要多喂青料，供给充足的水分，也可喂些菜叶、瓜果等。气温高时多喂，气温低时少喂。幼虫初期，精料少喂，蜕皮时少喂或不喂，蜕皮后随着虫体长大而增加饲喂量。也可把精料用水拌成小团，切成小块放在网筛上让其自由摄食。一天的投饵量以晚上箱内饲料吃光为限。采用早晚投足，中午补充的办法。在幼虫饲养期投料要注意精料、青料搭配，前期以精料为主，青料为辅，后期以青料为主，精料为辅。

在传统的养殖模式中，饲料相对比较单一，所以可以考虑为节约人力，可对大麦虫一次性投足3～4天的饲料，3～4天之后，随筛粪便一起，同时将饲料换掉或者添加。

未成龄幼虫要多喂青菜，对蛹和成虫的生长发育有利。有的老龄幼虫在化蛹期以后，食欲表现较差，可加喂鱼粉，以促进化蛹一致。每隔一星期左右筛除一次虫粪，换上新饲料。当幼虫长到40毫米以上时，便可采收以用于饲喂其他经济动物。一般幼虫体长达到40毫米时颜色由黑褐色变浅，且食量减少，这是老熟幼虫的后期，很快即进入化蛹阶段。

幼虫因生长速度不同出现大小不一的现象，按大小分箱饲养，一箱可养幼虫3000～4000只，老龄幼虫2000～3000只。饲养过程中要根据密度及时分箱饲养，降低饲养密度，因为密度过高就会引起大麦虫的相互残杀。

当幼虫化蛹时多投青料，有利于化蛹及蛹后的羽化。每天要及时把蛹拣到另一盒里，再撒上一层精料，以不盖过蛹体为宜，避免幼虫咬伤蛹，保持温度和气体交换。

（2）蛹期管理　初蛹呈银白色，逐渐变成淡黄褐色、深黄褐色。要化蛹的虫子皮肤光泽度差，体型稍显笨重，也不好动。把这样的虫子挑出来单独放在一个饲养箱中。因为同容具饲养，密度稍大，幼虫个体与个体之间就会形成相互提防的高度警惕、紧张的状态，无法进入化蛹前的安静、放松状态。这样单独放置可提供给它们适宜的化蛹环境，使它们处于同一生长状态，没有争斗的欲望，也没什么食欲，这个时候即便不喂它们，也没有弱肉强食的危险。初蛹应及时从幼虫中分拣出来集中管理。要调节好温湿度以防虫蛹霉变，经一周时间，便羽化为成虫。

（3）成虫的饲养　将羽化出的成虫放置于饲养容器内，喂给麸皮及青菜，初时虫体呈灰白色，以后渐变为浅褐色再成黑褐色，这时便开始产卵。成虫羽化后6～11天开始产卵，会有连续长达数个月的时间产卵，直至死亡。先在饲养筐底部放一个特制的筛子（筛子采用3目不锈铁丝制作，面积与筐底相等，主要的作用是快速分离成虫和卵块），在筛子上撒上成虫的食物，成虫产卵3天后，将下面的筛子提起，轻筛一下，虫卵和麦麸等就全部掉下去，筛子上面剩下的即是成虫，马上将筛子连同成虫放入另外一个养殖筐中，加入成虫的饲料继续使成虫产卵（成虫就是产卵在饲料中的），如此周而复始；一周后孵出幼虫，把小的大麦虫倒在盛有麦麸的饲养容具中饲养。也可将成虫放在一张白纸上，撒些糠麸在纸上，任成虫产卵，每隔二三天换纸1次，成活率一般在90%以上。这种操作方法持续大约7～10天时，应给成虫换料1次，换下的料中可能有卵料，不要马上倒掉，应集中放好，待卵块孵化出来后采用饲料引诱的方式集中收集到另外的饲养框中饲养。每次取卵后要适当地给成虫添加青料和精料，及时清理废料或蛹皮。

成虫喜欢晚间活动，所以晚上应多喂，青料可直接投放在饲养容具中，让大麦虫自由采食。

（4）卵的收集　大麦虫卵的收集方式有两种：一种是利用产卵筛，即在大麦虫成虫产卵时，在产卵筛的铁纱网下垫的白纸上撒一层薄薄的麸皮，让虫卵从网孔中落到下面的麸皮上，一般接卵纸7天左右换一次，将换下的麸皮、虫卵放入饲养器具中，约经7～10天便可自然孵出幼虫；另一种方式即是使用一般饲养器具，底垫白纸，但会有部分卵散落于饲料中。

（5）卵的孵化及蛹的羽化　在传统的小规模分散养殖模式中，对于温度、湿度没有严格控制措施，卵的孵化及蛹的羽化均无标准的设备，只是将快进入化蛹期的大麦虫单独放入准备

好的孵化箱内即可。

6. 防疫

① 饲养室内必须严防蚂蚁、苍蝇、蟑螂、老鼠、壁虎等天敌进入。

② 室内严禁放置农药。

③ 及时清除死亡虫体，以免霉烂变质导致流行病发生。

④ 严禁饲料中积水或于饲养盘中见水珠。

⑤ 预防病害。

7. 养殖流程

（1）幼虫和成虫的饲料投放　幼虫和成虫的饲养均在统一规格的标准饲养盘中进行，只是依饲养目的不同所用饲料配方也不同。幼虫的饲养有留种和生产两种，成虫的饲养只有产卵繁育一种。生产采收用幼虫的饲料，应在确定配方的基础上进行蒸煮，并辅加添加剂、诱食剂，以促进幼虫采食，加速生长。留种幼虫和产卵成虫的饲料应以保证其营养富足及产卵营养需要（产卵期长、活力高）为目的。

（2）卵的收集与孵化　在标准饲养盘底部附衬一张稍薄的糙纸，上铺0.5～1.0厘米厚饲料，每盒中投放2000只成虫（1000雌性，1000雄性），成虫即将卵均匀产布于产卵纸上，每张纸上2天即可产10000～15000粒卵。每隔两天取出一次产卵纸，即制作成卵卡。另有部分虫卵散落于饲料中，可以忽略不计，也可用作孵化时的覆盖物。将卵卡纸置于另一个标准饲养盘中，做成孵化盘。先在标准饲养盘底部铺设一层废旧纸张（报纸、纸巾纸、包装用纸等），上面覆盖1厘米厚麸皮，其上放置第一张卵卡。在第一张卵卡上再覆盖1厘米厚麸皮，中间加置3～4根短支撑棍，上面放置第二张卵卡。如此反复，每盘中放置4张卵卡，共计约40000～60000粒卵。然后将孵化盘置于孵化箱中，1星期后取出，送入生产车间。在传统的模式中，也可以用换麦麸的方式取代卵卡。但是效果和数量不及使用卵卡的孵化箱操作过程。

（3）蛹的收集与羽化　大麦虫的羽化率一般都能达到97%以上，只有极少数体质很弱的老幼虫会在羽化过程中死亡。

（4）饲养种群密度　大麦虫为群居性昆虫。若种群密度过小，直接影响虫体活动和取食，不能保持平均产量与总产量；密度过大则互相摩擦生热，且自相残杀概率提高，增加死亡率。所以，幼虫的面积密度一般保持在3.5～6千克/平方米。幼虫越大，相对密度应越小一些，室温高、湿度大时，密度也应小一些。成虫面积密度一般在1000～12000只/平方米。

二、工厂化规模生产技术

为了满足社会需求的日益增长，对大麦虫必须进行工厂化规模生产。实现大麦虫的工厂化规模生产必须解决以下几个方面的问题：①良种（品种）；②饲料；③饲养设备；④环境条件控制；⑤防疫；⑥养殖工艺流程及其参数的确定。

1. 良种选育与培育

在任何养殖业或种植业中，品种对生产的效应都是巨大的。在大麦虫生产中，品种效应同样十分重要。

2. 饲料

（1）饲料配方一

① 大麦虫精料配方。大麦虫是杂食性昆虫，精料可用麦麸70%、玉米粉10%、面粉5%、豆渣3%、细米糠10%、白糖2%配制（青饲料可用菜叶、瓜果皮、萝卜、马铃薯、南

瓜、红薯等)。

② 饲料——腐熟有机物(工农业有机废弃物资源)。大麦虫幼虫、成虫均喜食偏干燥的饲料,饲料含水量掌握在15%左右为宜。留种群体全程饲喂酵化麦麸或其他配合精料;生产群体孵化后10天内饲喂酵化麦麸(0.1千克),以后饲喂酵化糠粉30~40天(1.25~1.5千克),然后再饲喂酵化麦麸10天(0.15~0.25千克)。

(2)饲料配方二

① 幼虫的饲料配方。麦麸35%,中猪全价饲料(或大鸭全价饲料)35%,豆饼10%,发酵后的米糠或秸秆20%,另外添加饲用复合维生素(金赛维)50克,猪用预混料(百日出栏)80克,饲用混合盐250克。

② 成虫的配方。麦麸50%,鱼粉4%,中猪全价饲料(或大鸭全价饲料)15%,发酵的秸秆或米糠26%,食糖4%,混合盐1%。另外添加饲用复合维生素(金赛维)50克,猪用预混料(百日出栏)80克,饲用混合盐250克。此配方适用于产卵期的成虫,可延长成虫寿命,提高产卵量。

以上2种饲料配方的加工方法为:将各种成分拌匀,由于添加的发酵秸秆是湿料,直接拌和即可饲喂,大麦虫很爱吃,拌完的料要马上饲喂完;也可以添加适量的水搓成团,压成小饼状,晾晒后即可使用。有条件的养殖者,可以用饲料颗粒机膨化成颗粒使用。

实践证明上述饲料配方效果很好,自相残杀的情况很少发生,生长状况良好,目前没有发生疾病情况。以上饲料我们称之为精饲料,饲养的大麦虫除了需要精饲料外,还需要大量的青饲料,如瓜果皮、蔬菜叶等,除了这些青饲料外,还可以饲喂黑麦草和篁竹草,篁竹草最好是简单打碎后饲喂。精饲料和青饲料一般比例为1∶2左右。饲养1千克大麦虫幼虫的成本初步计算为：约1.5千克左右精饲料与3千克左右的青饲料。随着养殖技术的成熟，养殖成本将会进一步降低。

3. 饲养设备

进行大麦虫工厂化规模生产必须具备以下基础饲养设备。

(1) 饲养场地　工厂化规模生产大麦虫可充分利用闲置空房，但为了集约化管理，最好相近连片，形成一定的产量规模；所用房间必须堵塞墙角孔洞、缝隙，用水泥抹平地面，粉刷一新，以达到防鼠、灭蚁、阻挡壁虎、保持清洁的目的。

(2) 标准饲养盘　工厂化规模生产要求饲养器具规格一致，以便于确定工艺流程和技术参数。根据多年的养殖经验初步把大麦虫的饲养盘定为长60厘米、宽40厘米、高15厘米，饲养盘底面可用三合板或五合板，也可以是塑料盘。标准的饲养盘均要求大小一致，底面平整，整体形状规范，不歪斜翘扁，且坚固耐用、价格低廉。标准饲养盘内衬进口的油光纸。衬纸内光外糙，可以保证大麦虫幼虫、成虫不会沿壁爬出。为了节约成本，也可利用旧木料自行制作木盘，但规格必须与上述标准相统一。

(3) 饲养架　为了提高生产场地利用率，建议饲养架的长度为4米、高2米、宽度为40厘米为好。为了实用和降低成本，在农村可以根据具体情况因地制宜，在保证标准尺寸的前提下，自行设计。

(4) 分离筛　分别备制20目、40目、50目铁丝网或尼龙丝网，四周用1厘米厚的木板做框制成分离筛，用于分离幼虫和虫粪。

(5) 产卵盘　产卵盘与标准饲养盘规格统一，便于确定工

艺流程及技术参数。

（6）孵化箱和羽化箱　大麦虫的卵和蛹在发育过程中从外观上看是静止不动的。为了保证给予其最适温度和湿度需求，并防止蚁、螨、鼠、壁虎等天敌的侵袭，我们设计制作了孵化箱和羽化箱。箱内由双排多层隔板组成，两层之间的距离是饲养盘高度的1.5倍，底层留出较大空间以便置水保湿。

（7）其他　另外还需准备好温度计、湿度计、旧报纸或白纸（成虫产卵时制作卵卡）、塑料盆（不同规格，放置饲料用）、喷雾器或洒水壶（用于调节饲养房内湿度）、镊子、放大镜等物品。

4. 环境条件控制

大麦虫对环境条件的适应范围较广，但存在一个最适范围。在所有环境因子中，以温度和湿度对其生长发育的影响作用最大。所以，将大麦虫控制在生长发育所需的最佳温湿度条件下，是实现大麦虫工厂化规模生产高产、稳产的有利保证。

防疫及养殖流程同大麦虫传统饲养模式。

三、常见大麦虫疾病症状及原因分析

1. 自相残杀

（1）主要症状　死亡的虫体，其腿部或者连同头部前端缺损，或者是其他部位缺损，但初死的虫体的表皮颜色却还正常。

（2）原因　导致自相残杀，一是因为弱肉强食，同环境下虫体大小不一，以大欺小；二是因为大麦虫本身就有相互竞争、咬斗的生态习性。

（3）防治方法　分级饲养，使虫体大小基本一致。将特别喜欢咬斗的虫挑选出来单独养。减小饲养密度。

2. 细菌感染

（1）主要症状　死亡的虫体完好无损，体表发黑，初死的虫体，其口端及肛门部位均有麦麸包裹、粘连，掰开麦麸，则见有黏液，似化脓液；而症状轻微的则表现为：在麦麸等饲料表面打滚，腹部大弯（注意与化蛹前的弯曲区分开来）。

（2）原因　被细菌感染后，大麦虫相关器官受损伤，导致呼吸道和消化道不畅，最后导致其他疾病的继发感染而死，而被麦麸包裹的大麦虫会窒息而死。

（3）防治方法　一旦发现此病后应立刻清理已死亡的病虫以及挑出变软变黑的病虫，防止互相感染。应立即减少或停喂青菜饲料，及时清理病虫粪便，清理残食，更换干燥的饲料。开门窗通风排潮。药物防治措施是，最好是对养殖间进行一次全面消毒（包括饲养盒），饲养器具尽量置于太阳下进行30分钟的曝晒。可用0.25克土霉素拌匀250克麦麸、饲料/盒投喂，也可用氟哌酸、葡萄糖拌料投喂，等情况转好后再改为麦麸拌青料投喂。

3. 螨虫病

（1）主要症状　发黑，干枯或者体表颜色正常又无缺损，但是轻轻拈其体，则断裂。

（2）原因　在发霉或者变质的饲料里寄生虫（主要是螨类）大量繁殖，螨虫寄生于大麦虫脚部等较体表稍软而容易攻击的部位，使其发生溃疡，最终内部器官溃烂，死亡。

（3）防治方法　采取选择健康种虫，饵料处理，药物治疗，场地消毒，诱杀螨虫等措施。具体参考“黄粉虫的敌虫害防治”部分。

参 考 文 献

[1] 潘红平. 药用动物养殖及其加工利用. 北京：化学工业出版社，2007.

[2] 潘红平，黄正团. 养蝎及蝎产品加工. 北京：中国农业大学出版社，2002.

[3] 陈根富，刘团举. 黄粉虫的生物学特性及养殖技术的研究. 福建师范大学学报（自然科学版），1992，8（1）：56-74.

[4] 刘玉升. 黄粉虫生产与综合应用技术. 北京：中国农业出版社，2006.

[5] 石蕊，吴金龙. 改进黄粉虫养殖方法及罗列和排斥思路的运用. 现代农业科技，2006，(3)：88.

[6] 彭福峰，邵世秋. 黄粉虫的箱养技术与饲料配方. 内陆水产，2000，(10)：20-21.

[7] 刘伯生. 黄粉虫的喂养技术. 饲料工业，1995，16（8）：36-37.

[8] 谷保扬. 黄粉虫高产养殖技术. 农村新技术，2002，(1)：19-20.

[9] 詹松文. 黄粉虫管理要点. 农村致富，2003，(20)：31.

[10] 刘光华，曾玲，甘咏红等. 黄粉虫龄期及生活习性的观察. 仲恺农业技术学院学报，2002，15（3）：18-21.

[11] 吉志新，高素红，郑辉等. 黄粉虫种内杂交初步研究. 河北林果研究，2005，20（3）：280-283.

[12] 周文宗，孙玉传，白宇等. 黄粉虫自相残杀特性研究. 特产研究，2002，(4)：27-28.

[13] 周文宗，侯怀恩. 减轻黄粉虫生产劳动强度的管理技术. 淡水渔业，2003，33（1）：56-57.

[14] 吴福中，林华峰，刘志红等. 中国黄粉虫产品开发利用的现状及其对策. 中国农学通报，2005，21（8）：72-75.

[15] 施忠辉. 利用酒糟养殖黄粉虫. 农家之友，1999，(12)：22.

[16] 裴庆臣，范洪印. 黄粉虫养殖技术. 特种经济动植物，2001，(7)：12.

[17] 陈彤，陈重光. 黄粉虫养殖与利用. 北京：金盾出版社，2007.

[18] 原国辉，郑红军. 黄粉虫、蝇蛆养殖技术. 郑州：河南科学技术出版社，2003.

[19] 詹伟慧，赵祝亮. 黄粉虫饲养土鸡技术与效益分析. 中国家禽，2005，(5)：18.

[20] 肖银波，周祖基，杨伟等. 饲养条件对黄粉虫幼虫生长及存活的影响. 生态学报，2003，23（4）：673-680.

[21] 王声瑜. 黄粉虫的饲养技术（上）. 水产养殖，1994，(1)：10-11.

[22] 詹松文. 黄粉虫的饲养技术. 水产科技情报，2004，31（3）：128-129.

[23] 彭中健，黄秉资. 黄粉虫的研究. 昆虫知识，1993，(2)：111-113.

[24] 杨兆芬，曾兆华，曹长华等. 黄粉虫成虫繁殖力的研究. 华东昆虫学报，

1999, 8 (1): 103-106.
[25] 杨兆芬，倪明，黄敏. 黄粉虫成虫繁殖力及影响幼虫发育的因素. 昆虫知识，1999，36 (1)：24-27.
[26] 李玉霞，刘玉升. 异军突起的昆虫源动物饲料蛋白. 饲料研究，2001，(7)：14-16.
[27] 白耀宇，程家安. 我国黄粉虫的营养价值和饲养方法. 昆虫知识，2003，40 (4)：317-322.
[28] 柴培春，张润杰. 饲养密度对黄粉虫幼虫生长发育的影响. 昆虫知识，2001，38 (6)：452-455.
[29] 靳勇，蔡万伦，杨长举. 黄粉虫养殖技术. 养殖与饲料，2002，(1)：46-47.
[30] 张氏昆虫技术部. 黄粉虫养殖技术. 山西农业（市场信息版），2006，(5)：26.
[31] 赵大军. 黄粉虫的营养成分及食用价值. 粮油食品科技，2000，8 (2)：41-42.
[32] 白福祥，李玲，金志民等. 黄粉虫 *Tenebrio molitor Linnaeus* 的生物学特性. 牡丹江师范学院学报（自然科学版），2004，(2)：13-14.
[33] 申红，潘晓亮. 高蛋白黄粉虫的饲养及其利用. 草食家畜，2004，(2)：47-50.
[34] 李北，方平. 黄粉虫不同生长阶段的饲养管理. 吉林农业，1998，(8)：6.
[35] 马金生，吕传会，张霞等. 黄粉虫繁殖生物学的研究. 山东教育学院学报，2001，(5)：81-83.
[36] 周文宗，王光. 黄粉虫化蛹和羽化的昼夜规律. 经济动物学报，2003，7 (4)：39-41.
[37] 张传溪，李宝娟，赵进. 温度对黄粉虫成虫繁殖的影响. 华东昆虫学报，1995，4 (1)：31-34.
[38] 华红霞，杨长举，余纯等. 饲养条件对黄粉虫幼虫生长的影响. 华中农业大学学报，2001，20 (4)：337-339.
[39] 肖银波，周祖基，杨伟等. 饲养条件对黄粉虫幼虫生长及存活的影响. 生态学报，2003，23 (4)：673-680.
[40] 霍建聪，欧丽兰. 黄粉虫资源的开发与利用. 肉类食品，2005，(1)：63-65.
[41] 詹伟慧，赵祝亮. 黄粉虫饲养土鸡技术与效益分析. 中国家禽，2005，27 (5)：18.
[42] 申红，潘晓亮，王俊刚. 黄粉虫的营养成分测定与分析. 黑龙江畜牧兽医，2004，(11)：53-54.
[43] 刘玉升. 黄粉虫资源产业化发展趋势评析. 农业知识：科学养殖，2007，(9)：32-33.
[44] 兰小红，魏永平，朱荣科. 黄粉虫养殖实用技术讲座：家庭规模化养殖黄

粉虫技术规范．安徽农学通报，2007，13（16）：183-184.
[45] 叶榕村，杨兆芬．稀土元素对黄粉虫成虫的生理影响．安徽农学通报，2007，13（15）：24-25.
[46] 李国霞，茅洪新．走近昆虫．北京：农村读物出版社，1999.
[47] 任淑仙．无脊椎动物学．北京：北京大学出版社，1990.
[48] 潘红平．动物学．桂林：广西师范大学出版社，2004.
[49] 潘红平．动物学学习指导．桂林：广西师范大学出版社，2004.
[50] 潘红平．普通动物学．桂林：广西师范大学出版社，2004.
[51] 潘红平．普通动物学学习指导．桂林：广西师范大学出版社，2004.
[52] 潘红平．药用动物养殖．北京：中国农业大学出版社，2001.